森林立地质量定量评价

——理论 方法 应用

雷相东　唐守正　符利勇　等　著

中国林业出版社
China Forestry Publishing House

图书在版编目(CIP)数据

森林立地质量定量评价：理论 方法 应用／雷相东等著.
—北京：中国林业出版社，2019.12
ISBN 978 – 7 – 5219 – 0353 – 9

Ⅰ．①森… Ⅱ．①雷… Ⅲ．①森林–立地条件–评价
Ⅳ．①S718.53

中国版本图书馆 CIP 数据核字(2019)第 258711 号

出版　中国林业出版社(100009　北京西城区刘海胡同 7 号)
电话　010 – 83143564
发行　中国林业出版社
印刷　北京中科印刷有限公司
版次　2020 年 3 月第 1 版
印次　2020 年 3 月第 1 次
开本　787mm×1092mm，1/16
印张　11.75
字数　300 千字
定价　90.00 元

森林立地质量定量评价

主要著者

雷相东　唐守正　符利勇　李海奎

段光爽　国　红　刘　丹　闫晓旺

李玉堂　高文强　谢阳生　洪玲霞

沈剑波　徐奇刚　叶金盛　汪求来

立地质量评价是森林经营的一项基础性工作，它是适地适树（林）和森林经营决策的前提。同时也是林学的一项重要研究内容，受到全世界林学家和林业工作人员的持续关注。国际上立地质量评价的研究一直是一个热点，提出了很多评价立地质量的指标。不同的指标适用于不同的林分条件，但缺少适合所有林地的能直接反映其潜在生产力的指标和方法，尤其缺失既适用于同龄纯林又适用于混交异龄林立地质量评价的统一方法。

我国从 20 世纪 50 年代开始立地分类研究，提出了中国的森林立地分类系统；在立地质量评价方面，主要集中在人工林地位指数研究。对于混交林主要采用立地等级方法，这两个方法没有建立立地等级和森林生产力的直接关系，无法估计我国林地的生产潜力，不能用来评价我国森林经营的效益。在我国森林由数量增长转向数量和质量并重的背景下，回答通过提高森林经营水平，可以提高多少森林生产力是一个重要的科学问题。开展既能用于同龄纯林又能用于混交林的森林立地潜在生产力的评价方法的研究尤为迫切和重要。

2014 年，以唐守正院士为首的专家，提出了我国立地质量评价研究的 3 步走计划：①试点阶段。在全国有关省份主要林地类型中选择 3~4 个做预研究，提出《全国主要林地类型的立地质量分级与评价技术方案》。②在部分省份执行试点阶段提出的技术方案，完成主要林地类型立地质量的评价模型和初步结果；提出适用树种（混交类型）建议、生产潜力估计、经营措施（最优密度）建议。③应用推广阶段。完成覆盖全国的落实到山头地块的林地立地质量评价和适地适树分析，形成全国林地立地质量评价平台和数据库。并在原国家林业局造林司支持下，启动了"全国森林经营立地指数评价方法和试点研究"项目。

2015 年，启动了林业行业公益性科研专项重大项目"我国主要林区林地立地质量和生产力评价研究（201504303）"。项目由中国林业科学研究院资源信息研究所主持，国家林业和草原局调查规划设计院、河北农业大学、浙江农林大学、吉林省林业调查规划院、广东省林业调查规划院参与，旨在提出在全国相对统一的主要林地的立地质量评价指标和评价模型，尤其是天然混交林的立地质量评价方法，回答林地的潜在生产力是多少？现实生产力是多少？通过森林经营能够提高多少现实生产力？三个科学问题。经过 4 年的攻关，项目组提出了一套基于林分潜在生长量的立地质量评价的新方法学、基于分布适宜性和潜在生产力的森林－立地适宜性定量评价方法，并在吉林省、河北省、浙江省和广东省开展了试验。本书是对项目部分成果的初步总结。

全书共分 10 章，各章撰写人员为：第 1 章，雷相东、唐守正；第 2 章，雷相东、唐守正、符利勇、李海奎；第 3 章，国红、洪玲霞、刘丹；第 4 章，李海奎、唐守正；第 5 章，段光爽、唐守正、雷相东；第 6 章，符利勇、唐守正、段光爽；第 7 章，刘丹、雷相东、唐守正；第 8 章，符利勇、段光爽、刘丹、高文强、雷相东、李玉堂、闫晓旺；第 9 章，雷相东、段光爽、国红、徐奇刚、沈剑波、叶金盛、汪求来；第 10 章，符利勇、谢阳生、李海奎、段光爽。最后由雷相东和唐守正统稿。

由于研究人员的理论水平和实践经验有限，加上时间和数据限制，书中难免有疏漏之处，敬请读者指正。

著者

2019. 9

目 录

参考文献

第 1 章

国内外立地质量评价研究进展

　　立地质量评价是林学的一项重要研究内容，也是森林经营的一项基础工作，对于适地适树和科学设计经营措施具有重要意义。本章对国内外立地分类和立地质量的评价方法进行了综述，提出了异龄混交林立地质量评价存在的问题。

1.1　立地分类

　　立地（site）是指树木生长所处物理环境的内在特征（Nyland，2002），构成立地的各个因子称为立地条件。按照立地条件各自的属性，把立地条件相似的林地归并到一起，这就是通常所说的立地分类，同一立地类型具有相近的生产力。森林立地条件的复杂性和异质性决定了不同的立地应采取不同的经营措施。因此，立地分类是森林经营的基础。由于立地条件比森林本身稳定，国内外均开展了大量的立地分类研究。其分类基础主要包括植物群落学、林型学和森林生态系统方法（沈国舫等，2016）。植物群落学方面，如采用指示植物和生境类型来分类，实际上是把植被作为立地类型划分的重要依据。20 世纪 40 年代，苏联形成了两个林型学派，即苏卡乔夫为首的生物地理群落学派和波格莱勃涅克为首的生态学派，至今仍对前苏联地区的林型和立地分类研究具有深刻影响。森林生态系统分类法则是一种综合多因子的分类方法，如德国和奥地利采用植物和物理环境综合进行立地分类，加拿大和英国采用生态立地分类（Bowling et al.，1992；Corns，1992；Ray，2001）。英国的生态立地分类（ecological site classification）是在政府提倡以可持续的方式扩大森林面积和发展多功能林业的背景下提出的，目的是辅助经营者选择正确的树种，做到适地适树，对乡土植被和大面积人工林造林树种的选择都适用。它是一种客观地进行立地分类和评价的方法，它将气候影响和土壤质量相结合，根据乡土植物群落的生态需求及其它树种的合适性和收获潜力来进行分类和评价。利用 2 个土壤因子和 4 个气候因子来检验立地的合适性，包括：①土壤湿度状态；②土壤养分状态；③生长季积温；④生长季湿度亏缺；⑤风（windness）；⑥大陆性（continentality）。树种适宜性和收获的估计基于 6 个因子得来的经验模型。定量方法也被用来进行立地分类，如 Quichimbo 等（2017）采用聚类分析方法，通过对土壤、地形和气候因子进行聚类，进行立地分类。

我国的立地分类始于 20 世纪 50 年代，当时主要是学习与应用苏联的林型学说。1958 年林业部造林设计局、北京林学院等单位应用苏联波格莱勃涅克林型学说，开始对我国造林地区进行立地条件类型的划分，采用主导环境因子划分方法，在全国各省（自治区、直辖市）一些造林地区编制了立地条件类型表。经过实践证明，苏卡乔夫的方法在我国华北和南方地区很难应用（詹昭宁，1989）。该研究工作虽然没有得到进一步推广，但其研究成果对我国森林立地研究却产生了较大影响。70 年代末，又吸收了德国、美国、加拿大等国的经验。1978 年开始，南方十四省（自治区、直辖市）杉木栽培科研协作组，按地貌、岩性、土壤等指标，定性地对杉木立地类型进行了划分和立地质量评价。以此为标志，拉开了我国森林立地类型定性研究的序幕。在华北石质山地（沈国舫，1980）、黄土高原（王斌瑞等，1982）、太行山（中国林业科学研究院林业研究所，1993）、东部季风区用材林基地（张万儒等，1991）、三北防护林地区等都开展了立地分类研究，主成分分析、聚类、数量化等定量方法和遥感技术也得到应用（浦瑞良等，1989）。但在 20 世纪 80 年代以前，一直没有采用统一的技术手段对有林地和无林地进行统一分类评价，直至 80 年代末 90 年代初，才首次建成中国森林立地分类系统，以张万儒（张万儒，1997）和詹昭宁（詹昭宁等，1989）为代表。

以张万儒为首的研究团队，以森林生态学理论为基础，采用综合多因子与主导因子相结合途径，以与森林生产力密切相关的自然地理因子及其组合的分异性和自然综合体自然属性的相似性与差异性为依据进行分类。其根据上述原则将全国先按综合自然条件的重大差异，分为三大立地区域：东部季风森林立地区域、西北干旱立地区域、青藏高寒立地区域，再根据温度带、大地貌、中地貌、土壤容量分为森林立地带、森林立地区、森林立地类型区、森林立地类型。其分类系统由 5 个基本级、若干辅助级构成：森林立地区域（3个）－森林立地带（16 个）－森林立地区（65 个）/森林立地亚区（162 个）－森林立地类型区/森林立地类型亚区/森林立地类型组－森林立地类型/森林立地变型。

以詹昭宁为首的研究团队则根据地域差异和主导因子原则，并与林业区划衔接，将全国划分为：立地区域（8 个）－立地区（50 个）－立地亚区（163 个）－立地类型小区（494 个）－立地类型组（1716 个）－立地类型（4463 个）。系统的前三级是区划单位，后三级为分类单位。两种立地分类系统采用的方法和因子类似，与张万儒划分的系统相比，该立地层次划分更加清楚。

之后，我国其它省份也相继开展了立地分类研究，如河南（林业部，1987）、福建（范金顺等，2012）、山西（田国启等，2010）、云南（云南省林业厅，1990）、广东（骆期邦等，1990）、江西（张志云等，1997）、浙江（季碧勇，2014）等。大都以地域分异原理和生态学理论作指导，在定性分析的基础上，采用定量方法，筛选出立地分类的主导因子，采用综合多因子突出主导因子逐级控制的分类法，建立层级立地分类系统，划分了立地基本单元。这些都为立地评价和经营规划设计提供了基础依据。

实际上，各种不同因子对生产力的影响与空间尺度有关。如在区域层次，气候是主要的因子；但在局部，地形和土壤因子更重要。而随着遥感技术的发展，以及精细分辨率地形和气候等环境因子数据的获得，立地分类和评价迎来了新的研究机遇（李培琳等，2018），为精细尺度的立地类型划分提供了可能。总之，一个好的立地分类能保证同一分类单元具有相似的生产力，采取相似的经营措施，包括树种选择、培育措施和收获量。

1.2　立地质量评价方法分类

虽然立地质量和立地生产力这两个术语互用，但它们并不相同。立地质量是指表征某一立地或位置能够支撑林木生长能力的生物物理因子的组合（Skovsgaard and Vanclay，2008），决定立地质量的因子通常是固有的内在属性，但也会受到经营的影响。立地生产力则指某一立地上既定森林或者其他植被类型的生物量生产量，用单位面积上单位时间内所生产的生物量来表示，包括现实生产力（realized productivity）和潜在生产力（potential productivity）。潜在生产力是植物群落在一定的立地条件下达到的最大生产力。但是在现实中，与植被相适应的最佳立地条件往往很难满足，其实际达到的生产力即现实生产力。理论上现实生产力要低于潜在生产力，这正是通过森林经营如林分结构和密度调整、遗传改良等可以提高的现实生产力。

常用某一立地上既定森林或者其他植被类型的生产潜力来表示立地质量（孟宪宇，2013）。在林业上一般用单位面积年蓄积生长量来反映。一个既定的立地，对于不同树种来说，可能会得到不同的立地质量评价结果。

立地质量评价是森林经营的一项基础性工作，是研究森林生长规律、预估森林生长收获和科学制定森林经营措施的重要依据。其评价方法一般可以分为地学（earth‑based）和植物学（plant‑based）两类方法（Skovsgaard and Vanclay，2008）。前者主要基于立地特征如气候、地形和土壤等；后者则主要由基于植物特征如指示植物、林分蓄积生长量、林分高等。根据它们与生产力的相关性，又可分为直接评价法和间接评价法（表1-1）。

直接评价法用林分的收获量和生长量来评定立地质量，包括：根据林分蓄积量或收获量评定立地质量；根据林分高评定立地质量等。间接评价法包括植被指示法和环境因子评价法以及树种代换评价法。

300多年前，欧洲人最早利用地学方法划分潜在生产力（Skovsgaard and Vanclay，2008）；后来，人们采用林分蓄积量表示立地等级；到19世纪末，研究者们认识到一定年龄的林分高是一种评价潜在生产力的实用方法。1841年，德国科学家 Heyer 指出高生长和蓄积生长具有相关性，Baur 首次根据林分高等级编制了收获表，之后按林分高划分的立地等级编制收获表在德国得到普遍认可。美国也在1920—1925年就立地质量评价方法进行了争论，并开始接受林分高作为立地生产力的指标。根据林分高评价同龄林立地质量的方法包括地位级法（site class）、地位指数法（site index）和立地形法（site form）（Vanclay，1988；1992），分别依据林分条件平均高与林分平均年龄的关系划分等级、林分在标准年龄（亦称基准年龄）时的优势木平均高、基准胸径时的优势木高来表示立地质量。

理想的立地质量指标应具有以下特征（Vanclay 1988；Weiskittel et al.，2011a）：①与

3

潜在生产力高度相关；②与林分密度无关；③不受间伐体制的影响；④与森林类型有关且能把立地因子转化为生物量；⑤相对比较稳定。

表 1-1　立地质量评价方法分类

方法	地学法	植物学法
直接评价法	土壤结构 土壤温度 土壤养分 光合有效辐射	林分蓄积量或收获量 地位级 地位指数 高生长量 生物量生长量 立地形
间接评价法	气候 地文学方法	指示植物 树种间代换关系

我国对森林立地类型和立地质量评价的研究和实践始于 20 世纪 50 年代，当时主要采用苏联立地学派和林型学派的方法进行宜林地的立地类型划分，并编制了西南地区云杉（*Picea asperata*）、大兴安岭林区红松（*Pinus koraiensis*）等树种的地位级表。70 年代中后期，吸收了德国、美国、加拿大和日本等国的先进经验，广泛开展立地分类和评价研究，如杉木（*Cunninghamia lanceolata*）产区区划、宜林地选择以及立地质量评价，并编制了多型地位指数表，建立了杉木林区立地分类系统及应用模型，也在华北石质山地、黄土高原、珠江三角洲、东北西部地区及华北平原地区等开展了大量森林立地研究工作。80 年代以来，有关定量的立地质量评价研究逐渐增多，如《中国森林立地》（张万儒等，1997）的出版，东北山地林区、华北中原平原混农林区、南方丘陵山区的森林立地质量评价研究，形成了包括多型地位指数表、数量化地位指数表、树种地位指数转换表等构成的森林立地质量评价体系（朱光玉等，2010；盛炜彤，2014）。近年来，还开展了用立地形（马建路等，1995；吴恒等，2015；张超等，2015；黄国胜等，2015；Fu et al.，2018）、去皮直径生长方程中的渐近线参数（孟宪宇等，1995）、综合立地指数（郭如意等，2016）等方法评价异龄林立地质量的研究。总的来看，目前国内仍缺乏立地潜在生产力的通用估计方法，无法对我国林地的立地潜在生产力进行有效估测，不能满足营林决策的需要。

1.3　同龄林的立地质量评价

1.3.1　林分蓄积量或收获量法

蓄积量是林业实践中最常用的因子，因此直接利用林分蓄积评定立地质量既直观又实用。但影响林分蓄积的因子不仅仅是立地质量，采用这种方法时应将林分密度换算到标准状态才有效。骆期邦（1990）提出了一种确定标准林分密度的定量方法：将林分郁闭度刚达到 1.0（刚消除树冠间空隙时）的单位面积株数为标准密度，并证明了林分树冠总面积为林地面积的 1.57 倍，据此推导出了基于林分平均胸径的标准密度计算公式。此外，英国则采用基于现实或潜在的材积最大平均生长量的收获级和用每公顷最高的材积产量的产量级来评价人工林的立地质量（詹昭宁等，1986）。但是，生产力本身是和时间有关的概念，而林分蓄积量法并未反映时间。

1.3.2　林分高法

（1）林分优势高的定义和测定

林分优势高是一个重要的林学参数，它可用于计算地位指数进行立地质量评价、生长收获预估及划分森林发展阶段等。但关于林分优势高的定义及测定标准并不一致，如美国定义为优势或亚优势木的平均高，实际中采用每公顷 100 株最粗的树木的平均高来表示，欧洲采用每公顷 100 株最粗的树木或林分中 20% 的最粗树木的平均高（Helms，1998；Sharma et al.，2002）。我国的森林资源调查中不含林分优势高的内容，在《测树学》中给出的定义为林分中所有优势或亚优势木高度的算术平均数，调查时可以选择 3～5 株最高或胸径最大的立木的树高的算术平均值（孟宪宇，2013）。目前国际上一般基于单位面积的一定数量（每公顷 100 株）的最粗或最高的树木树高的平均值来表示。对于同龄林，通常认为林分优势高的生长受林分密度的影响很小。但研究也发现它受到样地大小、计算方法和密度的影响（Ritchie et al.，2012）。Sharma 等（2002）比较了 7 种优势高的定义，发现用在林分生长过程中一直为优势木的树木得到的优势高来估算地位指数最为准确。研究中涉及的计算林分优势高的方法主要有以下 4 种（García et al.，2005；Ochal al.，2017），结果发现最可靠的优势高的估计是 U 估计方法，它不随样地大小的变化而变化（Ochal et al.，2017）。

传统估计法（CE）：面积为 Ahm^2 的样地的优势高的计算可以采用该样地内 $A \times 100$ 株最粗树的树高的算术平均值。例如，如果一个样地的面积为 0.04hm^2，那么就是 4 株最粗树的平均值，依次类推。

调整最大树法（ALT）：优势高的计算采用样地内（$1.6 \times A \times 100 - 0.6$）株最粗树的树高的算术平均值。如果所选株树的计算结果为分数，那么计算优势高是选择与该分数相接近的两个整数，并且最终的结果是线性内插的平均值（García and Batho，2005）。

U - 估计（UE）：优势高的计算采用样地内优势木高的加权平均值。权重用最粗树在 $n/(A \times 100)$ 株树所组成的子集中出现的频率，其中，n 为样地的林木株数。因为 $n/(A \times 100)$ 通常为一个分数，所以计算结果选与之相接近的两个整数，与上一个方法类似，最终结果按内插法求得。

小样地估计（SUB）：优势高的计算采用每个 0.01hm^2 的小样地内的 1 株最粗树的树高算术平均值。

（2）地位级法（site class）

19 世纪末，人们开始用基准年龄时的林分平均高来评价立地生产力（Skovsgaard and Vanclay，2008），即地位级。其背后的理论依据是林分平均高和蓄积量间存在的相关性。依据林分平均高与林分平均年龄的关系，按相同年龄时林分条件平均高的变动幅度划分为若干个级数，通常为 5～7 级，以罗马数字Ⅰ、Ⅱ、Ⅲ、Ⅳ…符号依次表示立地质量的高低，将每一地位级所对应的各个年龄平均高列成表，称为地位级表。由于林分平均年龄和林分平均高在我国是必须的调查因子，因此曾在我国得到广泛应用（赵榮，1958；郝文康等，1987；1991；林昌庚等，1997；黄从德等，2002）。但林分平均高受经营措施（特别是抚育采伐）影响较大，比如对刚进行下层间伐的同龄林分，年龄未变，但林分平均高却因伐去一些小树而提高，从而存在一定的波动现象，后来地位指数成为一种主要的方法。实际上，因为同龄林分内存在着相当稳定的结构规律，平均高和优势高之间有相当稳定的数量关系，最大优势高在正常情况下是平均高的 1.17 倍（林昌庚等，1997），其它的研究也发现林分平均高与优势高本身存在较强的相关性（唐守正，1991；王忠诚等，2011；娄明华，2016）。

（3）地位指数法

地位指数指基准年龄时的林分优势高。用林分优势高来评价立地生产力有以下三个假设（Skovsgaard *et al.*，2008）：①林分优势高和年龄间的关系可以反映林分蓄积量和年龄间的关系，即高生长和蓄积生长有较强的相关性；②Eichhorn 假设：对确定的树种和林分高，所有立地的蓄积量相同；该假设进一步扩展为：任何两个林分，不论其年龄差异，如果具有相同的初始高和高生长，则它们有相同的蓄积生长；③间伐效应假设：保留断面积在 50% 以上的林分，间伐（主要是下层间伐）不会显著影响林分的蓄积生长。但这 3 个假设在 19 世纪 50 年代被 Assmann 通过间伐实验及随后的研究结果所质疑，如发现即使在同一区域，地位指数和蓄积生长的关系并不直接；给定林分高下不同立地的蓄积量并不相同；蓄积生长对间伐更敏感等。它主要适用于不采取上层抚育伐和无"拔大毛"经营习惯的单层人工纯林。地位指数模型的建立主要包括导向曲线法和代数差分法等，其需要的数据包含临时样地的林分优势高和年龄、固定样地不同时期的优势木高和年龄、优势木的解析木数据等。

在林分优势高和年龄形成的地位指数曲线中，一类假定不同地位指数（立地）的优势高生长曲线具有相同的形状，称为单形曲线（anamorphic curves）。单型曲线簇中的所有曲线具有相同的曲线形状，同一年龄时一条曲线上的优势高与另一曲线上的优势高成一定的比例，不同曲线的水平渐近极值（asymptote）不同。但实践证明，不同地位指数的优势高生长曲线簇是多形性的，即它们具有不同的曲线形状（分离或交叉），称为多形曲线（polymorphic curves）。且地位指数的变幅愈大，其多形性愈显著。利用临时样地数据，只能得到单形地位指数曲线。

应用地位指数有两个缺陷：一是当树高生长方程比较复杂时，很难给出地位指数的形式；二是地位指数值与基准年龄有关，即同样的数据，不同的基准年龄，会得到不同的地位指数值。为了消除与基准年龄相关的问题，Bailey 和 Clutter（1974）提出了"与基准年龄无关"（base age invariance）的地位指数方法。由于模型参数是通过代数差分方法（algebraic difference approach，ADA）进行估计，具有路径无关性，任一年龄时的高预测与起初年龄无关。利用 ADA 产生的地位指数模型，只有一个参数与立地有关，要么生成单型曲线簇，要么生成多型曲线簇，二者必居其一。此后该方法得到广泛应用（Bailey and Clutter，1974；Goelz and Burk，1992；Mc Dill and Amateis，1992；Newton，1992）。Cieszewski 和 Bailey（2000）将 ADA 方法进行扩展，提出了广义差分代数方法（generalized algebraic difference approach，GADA）。GADA 法产生的地位指数模型，多个参数与立地有关，能够构建具有可变水平渐近极值的多形地位指数曲线簇。GADA 已经成为构建地位指数模型的主流方法（Cieszewski，2002，2003；Krumland and Eng，2005；Cieszewski et al.，2006；Dieguez-Aranda，et al.，2006；Nord－Larsen，2006；Cieszewski and Strub，2008；Nunes et al.，2011；Senespleda et al.，2014；González－García et al.，2015；Seki et al.，2017；Kahriman et al.，2018；赵磊等，2012）。但在我国，由于缺少优势木的解析木数据和连续观测样地数据，GADA 方法的应用很少，仅有的如基于广义代数差分法的杉木人工林地位指数模型（曹元帅和孙玉军，2017）。

实际上，多形地位指数的实质在高生长方程中一部分为全局参数，一部分是局部参数（与立地有关的参数）。求解局部参数的方法包括哑变量法、混合效应模型、GADA（Wang et al. 2008a；Nigh，2015）。Nigh（2015）以云杉为对象，对以上不同参数估计方法进行了比较，发现哑变量法和混合效应方法表现较好。

导向曲线法（guide curve） 导向曲线法是指利用林分优势高和年龄的关系建立生长方程，用基准年龄对应的生长曲线上林分优势高的值做为地位指数。这条平均生长曲线为导向曲线。以 Richards 方程为例，其优势高生长曲线可用式 1－1 来表达，则地位指数可用式（1－2）来表示。已知林分优势高和年龄，就可以得到相应的立地指数。导向曲线法生成单形地位指数曲线，当所有的立地等级具有相同的形状，它们具有相同的拐点，也就是说达到最大高生长时的年龄相同。这在生物学上显然不合理，一般认为好的立地达到最大高生长的时间要早（Burkhart et al.，2012）。

$$H_t = a \left(1 - e^{-bt}\right)^c \qquad (1-1)$$

$$SI = H_t \left[\frac{\left(1 - e^{-bt_0}\right)}{\left(1 - e^{-bt}\right)}\right]^c \qquad (1-2)$$

式中：H_t 为年龄 t 时的林分优势高，SI 为地位指数，t_0 为基准年龄，a，b，c 为参数。

参数预估法（parameter prediction method） 该方法需要重复测量或树干解析数据，可以生成多形地位指数曲线，包括以下 3 步（范济州等，1987）：①以单株木或样地数据为基础，建立一个优势高－年龄生长方程；②根据①中的生长方程，得到每个样地的地位指数值；③建立①中生长方程参数与地位指数的关系式。最终的结果是优势高生长方程的参数与地位指数有关。仍以 Richards 方程作为基础模型，最终形成的模型（Wang et al.，2008b）如式（1－3）、式（1－4）所示。但该方法仍与基准年龄有关。

$$H_t = a_1 SI^{a_2} \left(1 - e^{-bt}\right)^{c_1 SI^{c_2}} \qquad (1-3)$$

$$H_t = a_1 SI^{a_2} \left(1 - e^{-bSI^{b_2}t}\right)^c \qquad (1-4)$$

式中：H_t 为年龄 t 时的林分优势高，SI 为地位指数，a，b，c 为参数。

广义代数差分法（genealized algebraic difference approach） 代数差分法是一种与基准年龄无关的方法。其基本步骤包括（Cieszewski，2004）：①选择一个树高－年龄基础生长模型；②确定基础模型中哪一个或几个参数与立地有关；③假设一个反映立地质量的变量 X，把立地有关的参数表示成变量 X 的函数；④求解与 X 有关的参数，并用自变量 t，H，初始条件 t_0 和 H_0 替换。如果基础模型中只有一个参数与 X 有关，那么 GADA 法就变成了 ADA

法。仍以 Richards 方程作为基础模型，其 GAAD 形式如式 1 - 5，式 1 - 6，式 1 - 7 所示。其参数估计可包括最小二乘法、分类变量回归法、混合效应模型法和度量误差模型法等（倪成才，2010）。

$$H_0 = e^X \left(1 - e^{-bt}\right)^{(c_1+c_2)/X} \tag{1-5}$$

$$H_t = H_0 \left(\frac{1 - e^{-bt}}{1 - e^{-bt_0}}\right)^{(c_1+c_2)/X_0} \tag{1-6}$$

$$X_0 = \sqrt{(\ln H_0 - c_3 H_0)} + \sqrt{(\ln H_0 - c_4 H_0)^2 - 4c_5 \ln(1 - e^{-c_6 t_0})} \tag{1-7}$$

式中：H_0 为年龄 t_0 时的林分优势高，H_t 为年龄 t 时的林分优势高，X 是立地有关的变量，b，c_1，c_2，c_3，c_4，c_5，c_6 为参数。

表 1-2 列出了文献中的主要 GADA 模型（Burkhart et al.，2012），主要分为三类：一是单形曲线，具有不同的渐近线值；二是多形曲线，具有相同的渐近线；三是多形曲线，具有不同的渐近线。近年来，气候和立地因子也被纳入模型（Senespleda et al.，2014；Scolforo et al.，2016）。

表 1-2 常用理论生长方程的 GADA 形式

基础模型	与立地有关的参数	X 的初始解	动态方程
Richards $h = a(1 - e^{-bt})^c$	$c = X$	$X_0 = \dfrac{\ln(h_0/a)}{\ln(1 - e^{(-bt_0)})}$	$h = h_0 \left(\dfrac{1 - e^{(-bt)}}{1 - e^{(-bt_0)}}\right)$
	$a = X$	$X_0 = \dfrac{h_0}{(1 - e^{(-bt_0)})^c}$	$h = a(h_0/a)^{\ln(1-e^{-bt})/\ln(1-e-bt_0)}$
	$a = e^X$ $c = c_1 + c_2 X$	$X_0 = (\ln h_0 - c_1 F_0)/(1 + c_2 F_0)$ $F_0 = \ln(1 - e^{-bt_0})$	$h = e^{X_0}(1 - e^{-bt})^{c_1+c_2 X_0}$
Logistic $h = \dfrac{a}{1 + be^{-ct}}$	$a = X$	$X_0 = h_0(1 + be^{-ct_0})$	$h = X_0/(1 + be^{-ct})$
	$b = X$	$X_0 = (a - h_0)/(h_0 e^{-ct_0})$	$h = a/(1 + X_0 e^{-ct})$
修正 logistic $h = \dfrac{a}{1 + bt^{-c}}$	$a = b_1 X$ $b = b_2/X$	$X_0 = 0.5(h_0 - b_1 + \sqrt{(h_0 - b_1)^2 + 4b_2 h_0 t_o^{-c}})$	$h = \dfrac{b_1 + X_0}{1 + (b_2/X_0)t^{-c}}$
Schumacher $\ln h = a + b/t$	$a = X$	$X_0 = \ln h_0 - b/t_0$	$\ln h = X_0 + b/t$
	$b = X$	$X_0 = (\ln h_0 - a)t_0$	$\ln h = a + X_0/t$
	$a = X$，$b = b_1 X$	$X_0 = \ln h_0/((t_0 + b_1)/t_0)$	$\ln h = X_0 + X_0(b_1/t)$
Korf $h = ae^{-bt^{-c}}$	$a = X$	$X_0 = \dfrac{h_0}{e - b^{t_0^{-c}}}$	$h = h_0 e^{(b(t_0^{-e} - t^{-c}))}$
	$b = X$	$X_0 = \dfrac{-\ln(h_0/a)}{t_0^{-c}}$	$h = a(h_0/a)^{(t_0/t)^c}$
修正 Gompertz $h = ae^{(-be^{(-ct)})} + d$	$a = X$ $d = -b_1 X - b_2$	$F_1 = e^{(-be^{(-ct)})}$ $F_0 = e^{(-be^{(-ct_0)})}$	$h = \dfrac{F_1(b_2 + h_0) - b_1 h_0 - b_2 F_0}{F_0 - b_1}$

基础模型	与立地有关的参数	X 的初始解	动态方程
Hossfeld $h = bt^c/(t^c + a)$	$b = b_1 + X$ $a = a_1/X$	$X_0 = h_0 - a_1 + \sqrt{(h_0 - a_1)^2 + 2h_0 e^{b_1}/t_0{}^c}$	$h = h_0 \dfrac{t_0^c (t_0^c X_0 + e^{b_1})}{t^c (t^c X_0 + e^{b_1})}$
修正 weibull $\ln h = a + b\ln(1 - e^{-t^c})$	$a = X$ $b = b_1 + b_2 X$	$X_0 = \dfrac{\ln h_0 - b_1 \ln(1 - e^{-t_0{}^c})}{1 + b_2 \ln(1 - e^{-t_0{}^c})}$	$\ln h = X_0 + (b_1 + b_2 X_0)\ln(-e^{-t^c})$

式中，h 为林分优势高，t 为对应的林分年龄，t_0，h_0 分别为林分年龄和优势高初值，X 为立地有关的变量。

（4）生长截距法

生长截距是指胸高以上一定数量（通常为 3~6 个，加拿大用 5 个）节间的总长度，是未来 5~20 年高生长的可靠指标（Economou et al.，1990）。可以用来直接评价立地质量或间接度量地位指数，实质是树高年生长量。它对于具有轮生枝的单节树种或春季轮生枝容易识别的多节树种组成的同龄幼林（3~30 年）特别有用。其主要优点包括（Economou et al.，1990；Schreuder, et al. 1993）：可用于不能使用地位指数曲线的幼林，不需要年龄、节的数量和节间的长度比优势高更容易测量。其局限在于受气候影响波动大，不能反映后期的生长。加拿大 BC 省和魁北克省已经建立了多个针叶树种的生长截距模型（Nigh，1996；Nigh et al.，2001；Mailly et al.，2005），我国也开展了相关研究（郭晋平等，2007）。

（5）其它方法

Kimberley 等（2005）对新西兰辐射松的研究发现，地位指数只与林分断面积生长量呈很弱的相关性，也就是说地位指数只能部分反映立地生产力。因此，基于地位指数的思路，提出了一个新的立地生产力指标：300 指数（300 index）。其定义为 30 年、密度 300 株/hm² 的年平均蓄积生长量。Skovsgaard and Vanclay（2008）建议将单位高生长的林分蓄积生长量作为立地质量的指标。

1.4　异龄混交林的立地质量评价

对于混交异龄林，大部分树木在幼年时都经历过被压，不适宜做为立地树用来估计地位指数（Berrill et al.，2014）。此外，确定林分优势高和年龄都非常困难，其异龄、混交的林分结构特点，降低了优势树高和年龄的关系，使得地位指数模型难以在林业实际中运用（雷相东和李希菲，2003）。

1.4.1　地位级法

由于林分平均年龄和林分平均高在我国是必需的调查因子，天然林也不例外。因此地位级法也用于我国天然林的立地质量评价（许银石等，1983；马有标等，2010）。对于混交异龄林，依据主林层优势树种的平均年龄和条件平均高确定地位级（孟宪宇，2013）。

1.4.2　树种替换法

地位指数与具体树种有关，因此在混交林中，常常通过树种间的地位指数转化方程来进行(式1-8)。该方法在北美应用较广(Nigh,1995a;1995b;2002;Johansson,2006)。这种方法的前提是转换的树种需要同时出现在一个林分中,但在实际中往往很难。Wang(1998a)提出生态基础上的地位指数转化方程,根据土壤湿度和养分将同一树种的地位指数进行分层,将具有相同一致土壤养分和湿度的两种树种所在的林分纳入建模。

$$SI_{sp1} = a + bSI_{sp2} \qquad (1-8)$$

式中:SI_{sp1}、SI_{sp2}分别为林分中树种1和2的地位指数,a、b为参数。

骆期邦等(1989)以杉木和马尾松为对象,研究了在相同立地类型中的树种代换评价方法。发现直接用地位指数建立配对代换方程的方法,不能取得正确结果;通过建立起以立地因子为依据的地位指数代换模型,并将地位指数转化为标准蓄积量,这样就能从生态基础上解决多树种的代换评价问题。朱光玉等(2005)以雪峰山杉木与马尾松地位指数配对数据为研究对象,通过模型筛选,实现了相同立地条件下杉木地位指数和马尾松地位指数的互导,为不同树种间的立地质量评价提供了可行的方法。

1.4.3 立地形法

为了避免使用年龄数据,胸径和树高关系被用来作为混交异龄林立地质量的指标(Vanclay and Henry,1988;Huang and Titus,1993;马建路等,1995;陈永富等,2000;Ahmadi et al.,2017)。Vanclay等(1988)首次提出"立地形"(site form)的概念,即基准胸径时的优势木平均高,并将立地形应用于澳大利亚昆士兰针叶异龄林的评价中。指出基准胸径是指林分优势木高生长达到高峰后趋于平缓时的优势木胸径,在研究中将出现频次较多的胸径值25cm作为基准胸径。发现立地形与立地生产力指标,如定期年平均蓄积生长量、最大树高、最大林分断面积等有较强的相关关系;立地形与地位指数均受林分密度影响。

Vanclay(1992)利用单分子式建立了树高与立地形SF之间的关系。

$$H = A - (A - 1.3)\left(\frac{A - SF}{A - 1.3}\right)^{DBH/25} \qquad (1-9)$$

式中:H为树高,A为渐近树高的最大值,$A = -10.87 + 2.46SF$,SF为立地形。

Huang等(1993)以Alberta地区北部混交林分中的白云杉(*Picea glauca*)、黑松(*Pinus contorta*)、白杨(*Populus tremuloides*)和黑云杉(*Picea mariana*)为研究对象,建立基于优势高-优势胸径立地形模型,该研究认为立地形是评价异龄林或混交林立地生产力有效的方法。马建路等(1995)以红松(*Pinus koraiensis*)异龄林为研究对象,基于理查德生长模型,建立基于优势高-胸径的地位指数方程,并确定了红松的基准胸径。采用基准胸径时对应的优势高进行立地质量评价。陈永富等(2000)也基于立地形对海南岛热带天然山地雨林进行立地质量评价。文献中确定基准胸径的方法主要有:

①根据样地调查数据中出现频次较多的胸径值为基准胸径(Vanclay and Henry,1988;Buda and Wang,2006);

②建立胸径-年龄的关系,取基准年龄时的胸径为基准胸径(Huang and Titus,1993);

③取上层木生长史一般可达的平均胸径的一半作为基准胸径(马建路等,1995;邹得

棉，2001）；

④建立树高－胸径模型，求其拐点，二阶导数为 0 的点，即树高生长趋势发生改变的点，所对应的横坐标为基准胸径（陈永富等，2000）；

⑤建立胸径－年龄之间关系，求其拐点，拐点表示胸径连年生长量达到最大的点，其对应的胸径即基准胸径（沈剑波等，2018）。

一些研究对立地形与地位指数的关系及其适用性进行了比较。如 Wang（1998b）以英国哥伦比亚的白云杉（*Picea glauca*）为对象，发现"立地形"对于异龄及混交林进行立地质量评价是不充分的。沈剑波等（2018）也以长白落叶松人工林为对象，比较了地位指数和立地形，发现二者的关系并不强。吴恒等（2015）以秦岭林区典型的松栎林带为研究对象，比较天然次生林与人工林立地质量评价差异。研究结果表明地位指数与立地形的适用对象有所不同，地位指数适用于人工林，而立地形适用于天然次生林。Fu 等（2018）以落叶松为对象，比较了优势高－年龄和优势高－胸径的差分方法和混合效应方法，优势高－胸径的混合效应方法表现最好，可用于天然林的生产力估计。

总的来说，虽然立地形方法得到应用（Herrera－Fernández et al.，2004；Buda et al.，2006；Calama et al.，2008；黄国胜等，2014；张超等，2015；Hmadi et al.，2017），但仍有一定的局限。如与立地生产力的相关性并不稳定；基准胸径的确定方法不统一；回避了年龄，但未体现生产力。

1.4.4　生长极值法

由于立地质量本质上指的是潜在生产力，一些研究也提出用生长极值做为混交异龄林的立地质量指标。如 Schmoldt 等（1985）用收获方程的渐近线值来评价立地质量；孟宪宇和葛宏立（1995）以云杉（*Picea koraiensis*）为对象，提出了以林木去皮直径的极限值（即去皮直径生长方程中的渐近线参数来表示）作为异龄林的立地质量指标。Hennigar 等（2016）基于加拿大的混交林固定样地，建立了包含气候、土壤和地形等因子的林分生物量生长模型，采用林分生物量生长量模型的渐近线值来评价立地质量。

1.4.5　其它方法

Berrill 等（2013）以美国加利福尼亚东部的红杉（coast redwood）林为对象，提出基于优势树种的断面积生长量指数，来反映混交异龄林的立地生产力，发现该指数与蓄积生长和直径生长关系较为密切。国内如郭如意等（2016）以浙江省天目山区针阔混交林为对象，采用综合地位指数来评价立地质量。综合地位指数的计算采用对标准样地各树种（组）的地位指数加权求和的方法。

1.5　无林地的立地质量评价

立地生产力是与树种或森林类型相关的一个概念。对于无林地，由于无树高、年龄等测树因子，只能采用基于环境因子的方法来评价立地质量。实际上，可以看成是对任意林地的立地质量评价。因为在进行适地适树决策时，需要给出所有树种或森林类型的生产力。因此，通常建立地位指数与环境因子（地形、土壤、气候等）的关系，通过环境因子得到地位指数。回归方法是最常用的方法（Monserud et al.，1990；Chen et al.，2002；Monserud et al. 2006；Sharma et al.，2012；Jiang et al.，2014；Dănescu et al.，2017），这些研究中环境因子对地位指数的解释在 40%～80% 之间。如 Ercanli 等（2008）以土耳其云杉为对象，用多元线性回归方法建立了包括地形、气候、土壤等 12 个因子的地位指数模型，发现能解释 77% 的地位指数变异；但 3 个地形因子（海拔、坡向、坡度）的解释力达到 56%。由于这 3 个地形因子很容易得到，这为大尺度的立地质量评价提供了可能。除回归方法外，数据驱动的方法如广义可加模型及机器学习方法也得到应用（Wang et al.，2005；Mckenney et al.，2003；Aertsen et al.，2010；Sabatia et al.，2014；Watt et al.，2015），如 Mckenney 等（2003）用回归树方法建立了加拿大安大略省黑松和短叶松两个树种基于气候、地形和土壤的地位指数模型；Sharma 等（2012）用随机森林和非线性最小二乘法建立了立地指数与含气候的生物物理因子的关系模型，发现非线性回归模型能解释 33.58%～41.61% 的立地指数变异，而随机森林可达 80.39%～84.71%。非参数的随机森林方法有较好的效果，但模型泛化时，会出现不合逻辑的预测结果。Aertsen 等（2010）比较了多元线性回归、广义可加模型、回归树、增强回归树、人工神经网络 5 种方法用于环境因子和地位指数的关系预测，发现广义可加模型和增强回归树表现较好。但基于环境因子的地位指数法本质上仍需要先建立地位指数方程。国内学者也采用多元回归、主分量分析等方法，以地位指数为因变量，环境因子为自变量建立数量化地位指数模型，实现用地位指数间接评价宜林地立地质量（南方十四省杉木栽培科研协作组，1983；潘国兴等，1991；叶要妹等，1996；陈昌雄等，2009；王冬至等，2015）。

1.6 发展趋势与科学问题

表 1-3 对目前主要的立地质量评价方法进行了总结，可以看出，每种方法都有其优势和局限，仍然缺少适合所有林地的能直接反映其潜在生产力的统一指标和方法。

表 1-3 主要立地质量评价方法一览表

方法/指标	优点	缺点	适用对象
地位指数	简单方便	未直接反映潜在生产力；与蓄积量的关系有时会不密切；需要林分年龄；对测量误差敏感；不能用于幼林	同龄纯林
地位级	简单方便	未直接反映潜在生产力；需要林分年龄；不能用于幼林；对于混交林，不同树种的平均高会发生变化	纯林和异龄混交林
立地形	不需要年龄	未直接反映潜在生产力；与蓄积量的关系有时会不密切	异龄混交林

（续）

方法/指标	优点	缺点	适用对象
生长极值法	意义明确，能反映潜在生产力	需要生长数据	纯林和异龄混交林
生长截距法	简单方便	未直接反映潜在生产力；不能用于不具有轮生枝生长特征的森林	具有轮生枝生长特征的幼林
基于环境因子的地位指数	综合反映立地状况，可用于无林地	未直接反映潜在生产力；解释力不高	所有林地

1.6.1　发展趋势

（1）地位指数仍是同龄纯林立地质量评价的主流方法

尽管地位指数存在适用于同龄林难用于混交异龄林、随时间变化、受气候和经营的影响、对测量误差敏感、对幼龄和老龄林不准确、不能用于进行过上层间伐的林分、需要相对准确的优势高模型等缺点，但到目前为止，它仍是同龄纯林立地质量评价的主流方法（Vanclay，1994；Skovsgaard and Vanclay，2008；Bontemps and Bouriaud，2014；Westfall et al.，2017），以基于 GADA 方法最为常用。包含环境因子的地位指数或优势高模型成为一个研究热点（Bravo-Oviedo et al.，2010；Nothdurft et al.，2012；Sharma et al.，2014；Bontemps and Bouriaud，2014；Shen et al.，2015；Zang et al.，2016；Yue et al.，2016；Dǎnescu et al.，2017；Sharma et al.，2018；Brandl et al.，2018），因为它可以用来研究气候变化对立地生产力的影响，实现大区域立地生产力的时空预测。基于过程模型来预测和验证地位指数表现出一定的潜力（Weiskittel et al.，2011b；Mason et al.，2018），是未来进一步研究的重要方向。

（2）混交异龄林的立地质量评价仍是研究难点

混交异龄林成为一种重要的营林体制，越来越受到人们的重视（Pretzsch et al.，2017）。由于存在多树种、异龄等问题，混交林的立地质量评价比同龄纯林更加复杂和困难。现有的方法如立地形法、树种代换法、环境因子法等均有一定的局限，在整个生长过程中林分高会在树种间发生变化，最大的缺陷是没有回答单位时间单位面积的生长量这个立地质量评价最本质的关键问题。因此目前尚未有统一的广泛认可的混交异龄林立地质量评价方法。与生产力相关的超产效应（over-yielding effect）持续得到关注（Toïgo et al.，2015；Kweon et al.，2019），混交异龄林的立地质量评价仍是未来的研究难点。

（3）大尺度高分辨率立地质量评价成为研究热点

森林经营者对大尺度精细分辨率的立地生产力估计的需求越来越迫切，而遥感和大数据人工智能技术的快速发展，为数据的获取和模型建立提供了新的手段和方法。Watt 等（2015）以新西兰的辐射松（*Pinus radiata*）为对象，基于 Lidar 数据、快鸟数据、气象和土壤数据，采用广义线性模型和 KNN 方法，建立了地位指数预估模型，可用于大尺度的地位指数预估。Socha 等（2017）采用重复观测的机载激光扫描数据，建立了优势高生长模型，发现其与树干解析数据的一致性较好，可以替代解析木和样地调查。Noordermee 等（2018）

用两个间隔的机载激光扫描数据，研究了地位指数与激光扫描数据获得的林分高及生长的关系，取得了良好的效果。Bjelanovic 等（2018）在加拿大阿尔伯塔 9 个小流域，基于 Lidar 产生的 1m 分辨率 DEM 和湿地图，采用多元线性回归、广义可加模型、回归树和随机森林方法，建立了杨树（*Populus tremuloides*）、黑松（*Pinus contorta* var. *latifolia*）和云杉（*Picea glauca*）3 个主要树种的地位指数与环境因子的关系模型，发现该方法可用于精细尺度的立地质量评价。可以预料，高分辨率遥感和大数据人工智能技术的快速发展，将为立地质量的精准评价提供新的途径。

1.6.2 尚未解决的科学问题

（1）如何估计潜在生产力？

传统的立地质量评价方法，绝大多数基于现实林分调查的数据，计算出的各种指标（如立地指数、地位级等）本质上反映的是立地的现实生产力。立地的现实生产力不等于立地能够达到的最高生产力，因为现实生产力受到人为经营能力和其他非立地因素（如灾害、天然更新的不均匀、林木竞争等）的限制，因此在林业研究中早已出现立地潜力的概念（Paterson，1956；Skovsgaard and Vanclay，2008），如将林分的最大年平均蓄积生长量作为潜在生产力的指标（Latta et al.，2009；Milner et al.，1996）。立地潜力的大致含义是在该立地上林分能够达到的最大年生产能力，评价立地质量需要评价其生产潜力以及现实生产力与潜力的差距。以往研究曾经使用标准表建立年平均生长量与地位指数的关系（Hanson et al.，2002），利用过程生长模型（Milner et al.，1996）等估计生产潜力，但关于生产潜力的确切含义并没有严格定义，这些方法也没有得到广泛应用。

由于蓄积量一直是林业中最关心的指标，最大蓄积年平均生长量比基于高或高生长的指标更有用和直接，它可以直观地比较不同树种、立地和区域的生产力。立地质量本质上是要回答某一立地某一森林类型的潜在生产力。对于同龄纯林，地位指数仍是公认的最常用的指标。虽然地位指数被认为反映潜在生产力，但它并不能回答最大蓄积生长量。

（2）如何评价混交异龄林的立地质量？

由于混交林优势高的定义以及实地测量存在较大的不确定性，如何定义和测量混交林的优势高需要进一步研究（雷相东等，2018）。另一方面，立地生产力与森林类型有关，而混交林树种组成复杂，如何对森林类型分类才能保证其具有相同的生长过程？如何估计混交林各组成树种的潜在生产力？立地生产力就是指单位时间单位面积的生长量，无法回避年龄。对于人工林，林分平均年龄确定较为容易，对于天然混交林，如何确定年龄？这些都需要进一步的研究。

（3）如何实现混交林的"适地适树"？

异龄混交林已经成为一种重要的营林体制，但如何选择混交树种仍面临巨大挑战。而天然林的森林类型分布和生长状况是解决这个问题的重要参考。但长期以来，天然林修复研究多以引种试验和专家经验为主，缺乏基于天然分布和潜在生产力综合考虑的定量适地适树研究（Dolos et al.，2015；Märkel et al.，2017）。需要回答哪里可以有分布？哪里长得好、长多少？等问题。

第2章

基于林分潜在生长量的立地质量评价与定量适地适树(林)

本章提出一套基于林分潜在生长量的立地质量评价与定量适地适树(林)的新方法学,首次严格定义了潜在立地生产力的概念,推导出潜在生产力和现实生产力的差异和计算方法,提出了立地类型－林分生长类型－现实生产力和潜在生产力模型－基于潜在分布适宜性和潜在生产力的综合适地适树－落实到地块的立地质量制图的技术流程及方法。

2.1 林分潜在生产力估计原理

2.1.1 基本假设

林分潜在生产力的研究基于下述基本假设:在同一立地条件下,相同的林分类型(树种组成接近),如果有相近似的林分结构和林分密度,则有近似的生长过程,包括林分高生长、断面积生长和蓄积生长。

2.1.2 基本术语

(1)潜在生产力

某种确定的林分类型在同一立地类型上,可能达到的最大年生长量(蓄积、断面积或生物量生长量),称为该林分类型在该立地类型上的潜在生产力,一般与年龄有关。与地位指数定义类似,可以用确定的林分类型在基准年龄时的潜在生产力作为评价立地质量的指标。在森林经营中,可以通过合理的森林经营措施(如调整密度和林分结构)提高林分现实生产力并逐渐接近或达到潜在生产力。

(2)最大生长量的定义域

最大生长量的定义域是指在同一立地类型上影响某种确定的林分类型生长的可控林分

因子(如密度、直径或树高结构等)取值的集合,不包括土壤、水肥等环境因子的调控,因为这时相当于改变了立地类型。

(3)林分生长类型

不同的林分其生长过程差异很大,有的早期生长快后期生长缓慢,有的反之,该生长过程可用不同的生长曲线来描述;即使同一林分类型,在不同立地上的生长规律也不相同,可以用接近同型的生长曲线来描述。本研究将成子纯等(1991)林分生长类型的定义扩展至混交林,定义为具有近似树种组成、起源相同、立地条件近似、具有相似生长过程的一类林分。近似生长过程是指同一林分类型在同一年龄时,林分主要测树因子(密度、平均直径、平均高、断面积、蓄积量)的差异在可以接受的范围之内。由于立地质量是指某一立地上既定森林或其他植被类型的生产潜力,因此同一林分生长类型有近似的潜在生产力。将同一林分类型的不同立地类型的林分生长类型集合称为林分生长类型组。在林分潜在生产力的实际计算中,将林分生长类型组作为一个建模(编表)总体,一个具体林分的潜在生产力依赖于立地等级和生长过程 2 个属性。

(4)立地等级

同一林分生长类型组中的林分在不同立地上的潜在生产力不同,一般根据立地条件划分成若干等级,称为立地等级。

2.1.3 林分潜在生产力的估计方法

2.1.3.1 林分潜在生产力估计的统计(实验)方法

首先看一个传统密度实验的例子。对某一林分生长类型,即林分类型 F 和立地类型 L 固定(此处以杨树人工林为例),可以得到不同林分密度(此处用林分密度指数 SDI 表示)下不同年龄 T 时的林分断面积 BA 和蓄积量 V,进而得到不同林分密度下各年龄对应的蓄积连年生长量 $CAIv$(表 2-1)。这样,对于任一年龄,可通过实验数据获得不同密度下的生长量,形成一条非单调曲线(图 2-1,20 年)。此时的最大生长量即为该年龄时的潜在生产力,如图 2-1 和表 2-1 中,为 9.852 $m^3/(hm^2 \cdot a)$,其对应的密度为实现该潜在生产力的最优密度($SDI = 981$ 株$/hm^2$)。这就是潜在生产力计算的基本思想。但现实中人们不可能进行所有的密度实验,且树木生长周期也很长。实际上,现实中的人工林和天然林为我们提供了大量的"密度实验"林分,可以基于这些大数据建立生长模型,通过优化算法来获得理论上的潜在生产力。以下介绍潜在生产力的理论估计方法。

表 2-1 杨树人工林 20 年时不同密度下的林分生长量

林分	密度指数 SDI(株$/hm^2$)	公顷断面积 BA(m²$/hm^2$)	公顷蓄积 V(m³$/hm^2$)	蓄积连年生长量 $CAIv$[m³$/(hm^2 \cdot a)$]
1	330	10.4	64.1	2.003
2	393	12.2	73.2	2.287
3	441	15.7	116.4	3.638
4	528	18.0	123.5	3.858

（续）

林分	密度指数 SDI（株/hm²）	公顷断面积 BA（m²/hm²）	公顷蓄积 V（m³/hm²）	蓄积连年生长量 $CAIv$[m³/（hm²·a）]
5	664	20.6	151.8	4.744
6	756	28.7	200.8	6.275
7	830	25.7	189.7	5.929
8	981	41.3	315.3	9.852
9	1091	35.5	222.6	6.955
10	1168	30.0	181.0	5.655

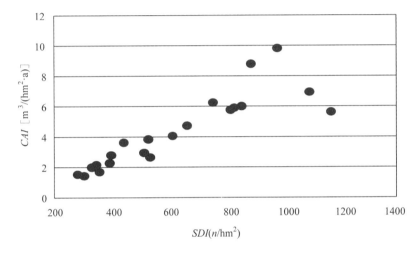

图 2-1　杨树人工林不同林分密度下的连年生长量

2.1.3.2　林分潜在生产力理论估计方法

通过建立林分生长模型系来实现对潜在生产力的理论估计。基于上述基本假设和定义，对于某一个林分生长类型（林分类型 F 和立地等级 L），可以建立林分高、断面积和蓄积生长 3 个模型：

$$H = f_h（T \mid L,F） \tag{2-1}$$
$$G = f_g（T,S \mid L,F） \tag{2-2}$$
$$V = f_v（T,S \mid L,F） \tag{2-3}$$

式中：H 为林分优势（平均）高；G 为林分断面积；V 为林分蓄积；S 为林分密度或结构；T 为林分年龄；f_h、f_g、f_v 分别为林分高、断面积和蓄积的函数；$\mid L,F$ 表示一个固定的林分生长类型。

当 H 为林分优势高时，由模型（2-1）可以得到地位指数，即目前人工林中广泛应用的地位指数方法来评价立地质量。但地位指数评价立地质量的方法没有建立模型 2-1 与模型 2-2、2-3 间的关系，从而无法由地位指数得到林分断面积和蓄积潜在生产力。本研究提出的方法解决了这个问题。

（1）潜在生产力的数学表达

由 2.1.3.1 节可以看出，S 可能与年龄有关。设林分年龄 T_1 时的"密度/结构"为 S_1，1 年后年龄 T_2（$= T_1 + 1$）时的"密度/结构"为 S_2，林分由 T_1 到 T_2 的蓄积连年生长量为：

$$\delta V(T, S \mid L, F) = f_v(T_2, S_2 \mid L, F) - f_v(T_1, S_1 \mid L, F) \qquad (2-4)$$

在 L、F 固定时，蓄积年生长量 δV 是 T、S 的函数。固定一个年龄 T，生长量仅依赖于因子"密度/结构"S。因此，应该有一个最合理的"密度/结构"S_{opt} 使年龄 T_1 的林分蓄积生长量达到最大（潜在生产力）：

$$\delta V_{opt}(T) = \delta V(T, S_{opt} \mid L, F) = \max\{\delta V(T, S \mid L, F) : S\} \qquad (2-5)$$

式 2-5 解决了由密度/结构控制的潜在生产力估计问题，是营林工作中"密度/结构"调整的理论基础。营林工作实践和林分培育模式研究，正是假定对具体的林分一定存在合理的"密度/结构"S_{opt}，利用试验研究寻找不同林龄 T 时的 S_{opt}（如 2.1.3.1 所示）。利用式 2-5，基于实际调查数据建立林分生长模型，可以从理论上推导出潜在生产力。

潜在生产力有 2 个重要性质：一是稳定性。潜在生产力依赖于立地等级、林分类型、以及林分年龄，当这些属性固定后，立地潜在生产力将随之确定。二是极大性。潜在生产力反映的是特定林分类型在某一立地等级和林分年龄下的最大年生长量。现实中，在相同条件下林分年生长量（又称现实生长量）永远小于或等于潜在生产力，但是如果林分经营得好其现实生长量能接近或等于最大年生长量。

（2）基础生长模型的建立和参数估计

对某一林分生长类型组，利用式 2-2、式 2-3 建立每个立地等级的断面积和蓄积生长模型。本研究选用唐守正（1991a）提出的全林整体模型形式：

$$G_i = a_{i1}^{(G)}(1 - \exp(-a_2^{(G)}(S/10000)^{a_3^{(G)}} T)^{a_4^{(G)}} + \varepsilon_g$$
$$V_i = a_{i1}^{(V)}(1 - \exp(-a_2^{(V)}(S/10000)^{a_3^{(V)}} T)^{a_4^{(V)}} + \varepsilon_v \qquad (2-6)$$

式 2-6 中，i 表示立地等级，$i = 1, \cdots, m$，其它变量同上。

模型的评价指标包括：确定系数一般应大于 0.9；系数 $a_{i1}^{(G)}$，$a_{i1}^{(V)}$ 要有规律，接近一个等差数列，即随立地等级提高参数呈现规律性增加；$a_3 \cdot a_4$ 小于但接近 1。如果评价指标不理想，则重新划分林分生长类型，建立模型，直至满足评价指标。

（3）潜在生产力求解

以蓄积潜在生产力为例，对其求解方法进行说明。在已知林分生长类型和当前年龄 T_1 的条件下，从给定的林分密度指数 SDI 区间中寻找一个 SDI，使得目标函数达到最大（式 2-7），对应的连年生长量 CAI_v 称为蓄积潜在生产力，此时的林分密度为最优密度。需要注意的是，同一林分不同立地等级在同一年龄时的最大连年生长量并不相同，对应的密度也不相同，不同年龄的最大连年生长量就形成了一条潜在生产力曲线（图 2-2）。因此，对任一林分生长类型，最终会得到不同年龄时的最大年生长量 $\mathrm{Max}\, CAI_v$（包括基准年龄时的潜在生产力）、对应的林分密度、林分断面积和蓄积量：

$$\mathrm{Max}\, CAI_v = f(T_0, SDI, \hat{\beta}_H, \hat{\beta}_G, \hat{\beta}_V \mid F, L), \quad SDI \in [SDI_{\min}, SDI_{\max}] \qquad (2-7)$$

为求解目标函数，需要给定下列已知条件：①林分生长类型；② $H = f_h(T, \hat{\beta}_H)$；③ $G = f_g(T, SDI, H, \hat{\beta}_G)$；④ $V = f_v(T, SDI, H, \hat{\beta}_V)$；⑤基准年龄 T_0；⑥密度指数 SDI 的可

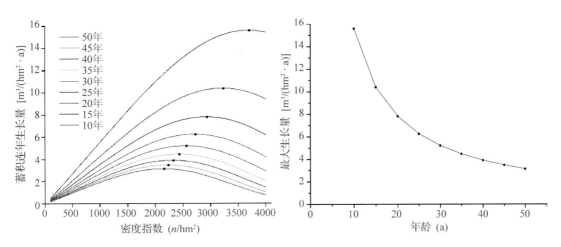

图 2-2　蓄积潜在生产力及最优密度（黑点为不同年龄时的最大连年生长量）

行区间，可在现有数据中获得最小（$SDI_{\min}$）和最大密度指数（$SDI_{\max}$）。$\hat{\beta}_H$，$\hat{\beta}_G$ 和 $\hat{\beta}_V$ 分别为树高、断面积和蓄积生长模型对应的参数向量。采用黄金分割优选法和二分法，在 SDI 的可行区间找到 $CAIv$ 的最大值，即为不同年龄时的蓄积潜在生产力。

2.1.4　已知林分生长类型组时立地等级的划分

当已知林分生长类型组时，首先需要划分立地等级，再根据立地等级来计算潜在产力。由地位指数自然地想到可采用高生长模型（式 2-1）进行立地分级，且高生长模型不含"密度/结构"，相对比较容易。但对于混交林，很难确定其优势高和对应的年龄，因此可采用林分平均高。比较理想的方法是分别立地类型采集解析木，建立各立地类型的树高曲线，它可以客观反映高生长的多型性，但需要对立地类型有精确的划分和大量的解析木样本，对于天然林有较大的困难。本研究采用固定样地连续观测数据（至少 2 次观测），通过对各样地的高生长曲线进行聚类，来划分立地等级。

对于某一林分生长类型组，首先，按哑变量 F 拟合树高生长曲线簇 $\hat{H}_L = f_H(T, \beta_L)$（$T$ 为年龄，$L = 1, \cdots, m$ 为哑变量），建立 m 条同型或异型树高生长曲线。以异型曲线 Richard 公式为例，可得到 m 条树高生长曲线：

$$H_m = 1.3 + (a + (m-1)a_m \cdot L)(1 - \exp(-b + (m-1)b_m \cdot L)\mathrm{T})^{(c+(m-1)c_m \cdot L)} \quad (2-8)$$

式中：a_m、b_m、c_m 分别为参数 a、b、c 的级距，即任意 2 条树高生长曲线对应的参数值的差。

其次，按样地构造建模单元，用式 2-8 分级曲线簇的模型参数，计算每个单元的树高观测值与 m 条分级曲线产生的树高估计值的离差平方和，具有最小离差平方和的曲线即为该单元所属的分级，反复迭代，直到每个单元的分级不再发生变化。实际上，以样地为单元包含了立地类型的信息，详见第 4 章。

2.1.5　案例

以长白落叶松人工林为例，对以上林分潜在生产力理论估计方法进行说明。数据为连续观测固定样地数据，共 1839 个记录。首先进行立地等级划分，建立不同立地等级的林分断面积和蓄积生长模型，求出不同立地等级的潜在生产力，并和传统地位指数方法进行比较。

2.1.5.1 数据

采用吉林省人工落叶松纯林固定样地数据，2～4 期连续观测样本共 978 个，2 次以上的观测数据如图 2-3 所示。可以看出，3 次以上重复可以基本决定曲线趋势，因此使用 3 次以上重复观测样地(共 339 个记录)做立地等级划分。

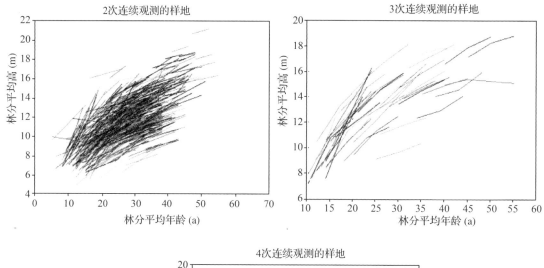

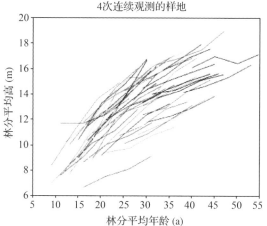

图 2-3　长白落叶松人工林林分平均高生长曲线

2.1.5.2 立地等级划分

首先建立林分优势高和平均高生长模型(式 2-9，2-10)，将参数 a 均分，划分为 10 个等级，得到参数及模型统计量见表 2-2，相应生长曲线如图 2-4 所示。

$$H_d = 1.3 + \left(a + \sum_{m=1}^{10} (m-1) \cdot d \cdot L_m\right)(1 - e^{-b \cdot T})^c \qquad (2-9)$$

$$H_m = 1.3 + \left(a + \sum_{m=1}^{10} (m-1) \cdot d \cdot L_m \right) (1 - \mathrm{e}^{-b \cdot T})^c \qquad (2-10)$$

式中，H_d，H_m 分别为林分优势高和平均高，T 为林分平均年龄，a，b，c 为模型参数，d 为参数级距，$L_m = 1$ 为属于立地等级 m，$L_m = 0$ 为不属于立地等级 m，$m = 1,2,\cdots,10$。

根据以上划分，得到 10 个等级基准年龄时(40a)对应的林分平均(优势)高(表 2-3)。

表 2-2　林分平均和优势高生长模型参数及统计量

统计量/参数	平均高模型	优势高模型
a	23.49	23.51
b	0.04197	0.06225
c	1.125	1.217
d	−1.259	−1.154
R^2	0.9602	0.9519

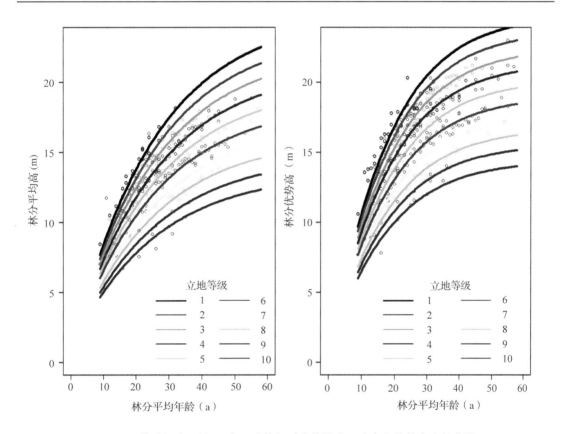

图 2-4　落叶松人工林 10 个立地等级对应的林分平均高和优势高生长曲线

表 2-3　基准年龄时林分平均(优势)高立地等级

等级	平均高	优势高	地位级指数	地位指数	转换地位指数
1	23.5	23.5	17.4	20.5	20.5
2	22.2	22.4	16.5	19.6	19.5
3	21.0	21.2	15.7	18.6	18.6
4	19.7	20.1	14.8	17.7	17.7
5	18.5	18.9	14.0	16.7	16.8
6	17.2	17.7	13.1	15.7	15.8
7	15.9	16.6	12.2	14.8	14.9
8	14.7	15.4	11.4	13.9	14.0
9	13.4	14.3	10.5	13.0	13.0
10	12.2	13.1	9.7	12.0	12.2

注：地位指数根据林分优势高生长模型计算，转换地位指数根据林分平均高生长模型计算。

2.1.5.3　立地等级划分比较

利用样地优势高和平均高数据进行对偶回归(唐守正，1991b)，建立林分优势高与平均高的关系模型，如式 2-11、2-12 所示。根据式 2-9、2-10 分别可以得到不同立地等级基准年龄时(落叶松取 40a)的林分高，即地位级指数和地位指数(表 2-3)。然后利用对偶回归方程 2-11、2-12 将地位级转换为优势高即转换地位指数。可以看出，分别用林分平均高和优势高两种方法得到的地位指数非常接近，差别在 0.2m 以下。

$$H_d = 1.079H_m + 1.686 \qquad (2-11)$$

$$H_m = 0.9268H_d - 1.563 \qquad (2-12)$$

另外，采用林分平均高和优势高得到的立地分级也非常接近，为比较两种分级的一致性，引入加权 Kappa 系数：

$$K_w = \frac{\displaystyle\sum_{i=1}^{k}\sum_{j=1}^{k} w_{ij}p_{ij} - \sum_{i=1}^{k}\sum_{j=1}^{k} w_{ij}p_{i+}p_{+j}}{1 - \displaystyle\sum_{i=1}^{k}\sum_{j=1}^{k} w_{ij}p_{i+}p_{+j}}$$

式中，K_w 为加权 Kappa 系数，p_{ij} 为两种分级混淆矩阵中第 i，j 个元素，p_{i+} 为混淆矩阵第 i 行之和，p_{+j} 为混淆矩阵第 j 列之和，$w_{ij} = 1 - \dfrac{|C_i - C_j|}{|C_1 - C_k|}$ 为 Cicchetti - Allison 加权权重，C 为分级不同水平的赋值，通常取 $1, 2, \cdots, k$，k 为分级总个数，取 10。

衡量林分平均高和优势高划分立地分级一致性的 Kappa 系数为 0.7402，表明两者立地分级一致性很高，在落叶松人工林立地分级中可以用林分平均高来替代优势高。这也为其它类型包括天然林中采用林分平均高进行立地等级划分提供了依据。

2.1.5.4 潜在生产力计算

由 2.1.3.2 中的方法,建立各立地等级的断面积和蓄积生长模型(式 2 - 13,2 - 14),其拟合统计量和参数值如表2-4所示。进而得到落叶松人工林不同立地等级的断面积和蓄积潜在生产力,如图2-5所示。至此,利用固定样地连续观测数据,就得到了不同立地等级(地位指数)潜在生产力。与传统的采用地位指数评价立地质量的方法相比,它建立了地位指数与林分断面积和蓄积量的关系,并且可以得到各年龄的最优密度(图2-6)。

$$G_i = a_{i1}^{(G)}(1 - \exp(-a_2^{(G)}(S/10000)^{a_3^{(G)}}T)^{a_{i4}^{(G)}} \tag{2-13}$$

$$V_i = a_{i1}^{(V)}(1 - \exp(-a_2^{(V)}(S/10000)^{a_3^{(V)}}T)^{a_{i4}^{(V)}} \tag{2-14}$$

表2-4　不同立地分级的林分断面积和蓄积量生长模型拟合统计量和参数估计值

统计量/参数	立地等级	林分断面积模型 公式(2-13)	林分蓄积模型 公式(2-14)
R^2		0.9847	0.9741
a_{i1}	1	42.2585	384.7891
	2	41.4253	364.3241
	3	40.5921	343.8591
	4	39.7589	323.3941
	5	38.9257	302.9291
	6	38.0925	282.4641
	7	37.2593	261.9991
	8	36.4261	241.5341
	9	35.5929	221.0691
	10	34.7597	200.6041
a_2		4.4044	0.1723
a_3		6.4598	2.4604
a_{i4}	1	0.1657	0.4796
	2	0.1634	0.4772
	3	0.1605	0.4724
	4	0.1591	0.4692
	5	0.1566	0.4611
	6	0.1565	0.4639
	7	0.1590	0.4712
	8	0.1573	0.4647
	9	0.1588	0.4705
	10	0.1629	0.4895

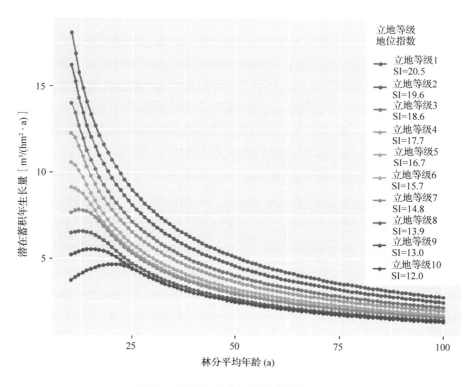

图 2-5　不同立地等级的蓄积潜在生产力

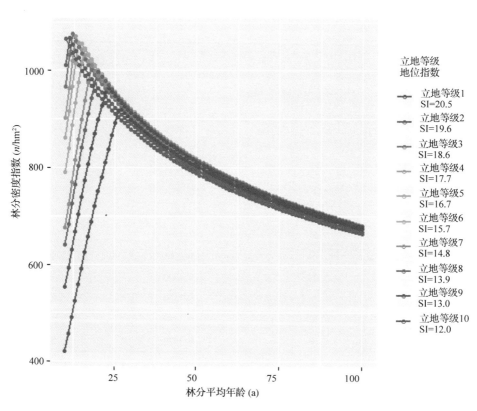

　　　　　图 2-6　不同立地等级的蓄积潜在生产力对应的最优密度

2.1.6 林分生长类型划分

首先是进行林分生长型的划分,即林分断面积和蓄积生长过程相似,使用相同的断面积和蓄积生长模型。目前,人们对什么样的林分具有相似生长过程的认识很不全面,只能从数据出发,从最接近相同的林分开始,逐步聚类,最后划分出林分生长类型组。现有林分类型划分标准,一般不能满足上述基本假设的要求,需要根据数据重新划分林分类型,为此必须有一个基本单元,这个基本林分单元命名为林分元素。由于林分树种组成多样性,林分元素的划分比较复杂,根据研究目的和基本假设可以采用以下原则:将样地的树种组成和生长过程比较接近的样地划分成同一个林分元素。林分元素划分得越细,元素内的树种组成差异越小,精度越高;但是林分元素的细致程度受限于样地数量。根据经验,每个林分元素内有 4 个以上样地,则可保证做出一个回归曲线。在实际中,可先根据林分混交类型将全部林分类型分成针叶纯林、阔叶纯林、针叶混交、针阔混交和阔叶混交林,对于其中每一类型,再基于先验知识和树种组成给出一个初始分类,根据评价指标逐步合并和修正。根据林分生长型和立地分级,最终形成包含多个立地等级的林分生长类型,即林分生长类型组。

2.1.7 落实到小班的立地质量评价与制图

利用以上方法,就可以得到 m 个立地等级下不同年龄时的潜在生产力、对应的林分密度、林分断面积和蓄积量,然后就能对森林经营单位的任一小班或地块进行立地质量评价。

2.1.7.1 现有林的立地质量评价

对于现有林,已知林分平均(优势)高、林分年龄和立地元素,根据林分生长型划分方法,可以得到任一小班所属的林分生长类型组;按照立地分级方法,可以得到任一小班的立地等级;利用潜在生产力模型,可得到任一小班不同年龄的潜在生产力。

2.1.7.2 任意林地(包括无林地)的立地质量评价

除现有林外,还可预估当前林分或无林地在改造成其他类型或新造林的潜在生产力,且可以在多种林分类型中选择。可采用机器学习算法,利用大量先验数据获得潜在生产力与林分类型和立地的关系,从而预估任意林地任一林分类型的潜在生产力。最终可将森林经营单位内所有小班的潜在生产力、现实生产力、潜力提升空间进行制图,形成立地质量评价系列数表和图件。

2.2 适地适树(林)原理与方法

"适地适树"(matching trees to sites)是森林培育的一个基本原则。所谓"适地适树"是指把树种栽种在一个合适其生长的立地,最大地发挥其潜在生产力。传统的适地适树主要依靠树种的生物学特征和对应的立地条件或地位指数确定,极少能定量回答某一立地下多个树种的潜在生产力问题。对于大面积的混交异龄林的林分类型与立地的匹配问题,更很少涉及。实际上，现代森林经营越来越关注林分类型（尤其是混交林）与立地的匹配问题，即"适地适林"，也就是在某一立地条件选择最合适的树种搭配，最大发挥其潜在生产力。天然林是由乡土树种和原生植被组成的稳定性高的森林，是森林经营中重要的参照对象。本研究提出了基于天然林树种分布和潜在生产力的综合适地适树指数，定量回答"能不能生长、能长多少"的问题。

2.2.1 基于树种分布适宜性和潜在生产力的定量适地适树评价原理

2.2.1.1 物种分布适宜性模拟

物种分布模型是将物种的分布样本信息和对应的环境变量信息进行关联，得出物种的分布与环境变量之间的关系，并将这种关系应用于所研究的区域，以概率的形式反映物种对生境的偏好程度，结果可以解释为物种出现的概率、生境适宜度或物种丰富度等，从而预估目标物种的潜在分布（许仲林等，2015）。物种分布模型的理论基础，是生态位，即生态系统中的种群在时间和空间上所占据的位置及其与其他种群之间的关系与作用。目前主要的物种分布模型包括 Maxent 模型、Garp 模型、Bioclim 模型、Dumain 模型、广义线性模型、广义可加模型等。随着统计科学的理论发展，计算机和地理信息系统的技术进步，物种分布模型被广泛用于空间生态学、土地保护与管理（Raxworthy et al.，2003；Elith et al.，2006）。同时，在物种时空分布格局、濒危物种及有经济价值物种潜在分布区预测（Godown and Peterson，2000；Fourcade，2014）、全球气候变化对物种分布影响等领域得到越来越广泛的应用（Falk，2011；Walentowski，2017），已经成为基础生态学和生物地理学研究的重要工具。尤其是 DEM 数据、气候的插值数据、陆地表面土壤数据、高中低分辨率的遥感数据源越来越丰富并容易获得，大大加强了物种分布模型的应用能力。但目前的物种分布模型较少用于森林经营决策中的适地适树评价。

因此，本研究将物种分布模型引入"适地适林"研究，首先利用天然林的树种和类型分布数据，建立第 1 节中的不同林分生长类型组的潜在分布模型，然后根据空间上连续的单元的环境因子值，就可以产生林分生长类型组的空间分布适宜性图。

需要说明的是，由于不同的物种分布模型产生的结果有所差异，从而导致不同树种或森林类型的空间分布适宜性也有所不同，因此本研究采用综合集成的方法，通过对不同分布模型的预测适宜性进行加权来计算物种分布的综合适宜性（ensemble suitability，S_e），计算公式如下：

$$S_e = \frac{\sum_i w_i S_i}{\sum_i w_i} \tag{2-15}$$

式中，S_i 表示第 i 个物种分布模型的树种适宜性值，w_i 表示第 i 个模型的权重值。

2.2.1.2 综合适地适树指数构建

对某一树种或森林类型而言，其"适地适树"可由分布适宜性和潜在生产力综合来反映。比如可分为以下情况：有分布但生长不良；有分布，生长中等；有分布，生长良好；无分布等各种状态。有分布且生长量大，即为适合区域。因此，基于分布适宜性和潜在生产力，采用几何平均法，构建一个新的综合适地适树指数 HTI（Happy Tree Index）：

$$HTI = 100 \sqrt{Se \times SP} \qquad (2-16)$$

式中：Se、SP 分别表示潜在分布适宜性和潜在生产力，经归一化处理，取值范围[0，1]；HTI 为 0 到 100 之间值，越高表明分布适宜和潜力越大。

为了便于应用，将适树指数级分为最适宜[80，100)、较适宜[60，80)、适宜[40，60)、较不适宜[20，40)、不适宜[0，20)等 5 级。

2.2.2　落实到小班的定量适地适树评价方法

对于任一立地（小班），通过综合适地适树指数来选择适宜的树种或森林类型。由于综合适地适树指数由分布适宜性和潜在生产力综合来反映，需要明确所在区域各树种或类型的分布适宜性和潜在生产力，前者由环境因子（气候、土壤、地形等）驱动的物种分布模型来解决，后者则由 2.1.5 中的描述来完成。

2.3　基于林分潜在生长量的立地质量评价流程

基于林分潜在生长量的立地质量评价流程如图 2-7 所示。受数据与工作量限制，第 1 步，将样地分配到各种立地元素和林分元素，形成一个数据集，这是以后划分立地等级和林分生长型（生长过程）、建模与评价的基本数据集。第 2 步，通过迭代方法将样地逐步聚类为林分生长类型组。第 3 步，分别建立各林分生长类型组的树高、断面积和蓄积量的生

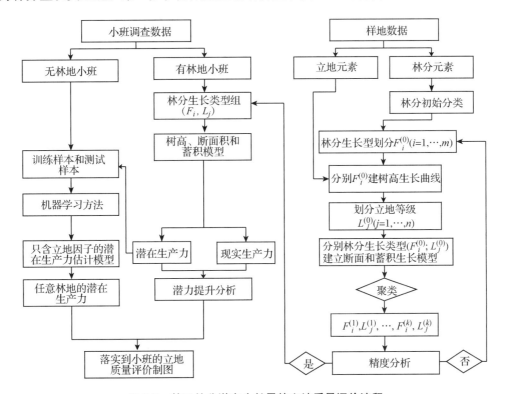

图 2-7　基于林分潜在生长量的立地质量评价流程

27

长模型,这是现实(实际)生产力模型。第4步,通过优化模型中可控因子(本研究完成了优化林分密度因子)估计该立地等级可以达到的最大生长量,作为潜在生产力,即各林分生长类型的潜在生产力数表。第5步,根据地形和气象资料等环境因子将用有林地样地得到的模型泛化(机器学习术语)到无林地和未设置样地的地区。第6步,立地质量评价制图(可视化),将计算的数字结果用图形表达。

2.4　结果与讨论

立地质量评价,需要同时回答某一立地能种什么树(或森林类型)和哪种树(或森林类型)的生产力最高2个问题。

本研究提出了一种基于林分潜在生长量的新的立地质量评价方法,该方法将潜在生产力定义为某种确定的林分类型在同一种立地类型上(林分生长类型),在给定的林分平均年龄下,可能达到的最大生长量(蓄积、断面积或生物量)。推导出潜在生产力和现实生产力的模型和计算方法,提出了立地元素—林分元素—林分生长类型—现实生产力和潜在生产力模型—落实到地块的立地质量制图的技术流程。利用该方法,可以得到某一林分生长类型基准年龄时的潜在生产力和对应的最优密度。基于编制的立地质量数表,可实现现有林的潜在立地生产力估计和落实到小班的立地质量制图。基于机器学习方法,可实现无林地的立地潜在生产力估计。

在此基础上,结合物种分布适宜性,提出了基于树种(森林类型)潜在分布适宜性和潜在生产力的综合"适地适树"评价方法。该方法可以实现任意森林类型与立地的适宜性评价,回答"既能分布,又能长得好"的问题(刘丹,2018a,2018b)。

虽然本研究提出的方法需要林分平均年龄,但从本质上来说,立地生产力就是指单位时间单位面积的生长量,无法回避年龄。对于人工林,林分平均年龄确定较为容易,对于天然林,尤其天然混交林,本研究将林分中主林层优势树种的平均年龄定义为林分平均年龄,如果林分中没有明显的优势树种,则通过树种组成占前几个的树种的断面积加权平均年龄确定得到。随着新技术如树木微损测量技术的发展,树木年龄的准确测量有望解决,这将为本研究成果的广泛推广提供一个可行途径。由于我国森林资源清查样地调查数据不调查林分优势高,为了保证所提出的方法与我国森林清查数据相兼容,本研究采用了实测的林分平均高。由于混交林优势高的定义以及实地测量存在较大的不确定性,如何定义和测量混交林的优势高需要进一步研究(雷相东等,2018);也有研究发现林分平均高与优势高本身存在较强的相关性(唐守正,1991b;王忠诚等,2011;娄明华,2016)。人工林的结果也验证了林分优势高和平均高进行立地分级结果的一致性。

本研究将蓄积连年生长量作为潜在生产力的指标,除蓄积生长量外,还可以利用其他因子的生长量进行立地质量评价。如Hennigar等(2016)基于固定样地,采用林分生物量生长量模型的渐近线值作为最大值来评价立地质量。本研究提出的方法同样可以计算生物量潜在生长量或断面积潜在生长量(Fu et al.,2017),并且可以得到达到该最大生长量的林分密度,这为通过调控林分密度发挥立地潜力提供了依据。基于树种组成和生长过程的林分类型划分也是本方法的一个关键内容，详见段光爽（2018）的研究结果和第五章。此外，目前尚未考虑林分进界和更新过程，其会引起林分组成和结构的变化，从而使林分生长类型的划分和潜在生产力计算更加困难。

第3章

立地质量评价多源数据处理

　　立地质量评价是一个复杂而综合的系统研究，涉及的数据从调查方式来说包含了森林资源一类清查、森林资源二类调查和林业专项调查数据；从数据类型来说包含了森林立木数据、环境因子数据、土壤数据和地形数据等。由于数据来源、时间和空间分辨率、编码等的差异，在建模和空间制图时，常常需要对这些数据进行处理，包括审查、检验和初步综合，使之系统化和标准化，满足立地质量评价建模要求。本章从森林资源调查数据的特征出发，设计具体、详细的数据处理方法，包括不同调查数据代码统一、样地编码处理、数据逻辑检查、林分因子统计计算、样地数据与环境数据的联接和融合等。

3.1　数据来源

　　本研究中主要包括固定样地数据(包括测树因子和立地因子)、林业专题数据(包括森林资源规划设计调查小班数据等)、大尺度的环境因子数据(地形、气候、土壤等)等。

3.1.1　固定样地数据

　　包括国家森林资源清查(一类清查)固定样地数据和森林资源规划设计调查(二类调查)固定样地数据。其文件类型是 ＊. dbf，各期分别包括样木文件、样地文件、测高文件。数据的命名规则分别为：

　　样地数据：每期 1 个样地数据文件，命名规则：P + 年份 + XXX. dbf；

　　样木数据：每期 1 个样木数据文件；命名规则：T + 年份 + XXX. dbf；

　　测高数据：测高数据文件；命名规则：SG + 年份 + XXX. dbf。

　　每个文件都有必要的字段名，相关信息如表3-1所示。

表 3-1　输入文件的字段名和字段类型

字段名	字段类型	字段名	字段类型	字段名	字段类型
样地号	字符型	样地号	字符型	样地号	字符型
GPS 纵坐标	数值型	立木类型	字符型	树种代码	字符型
GPS 横坐标	数值型	样木号	数值型	胸径	数值型
县代码	数值型	树种代码	数值型	树高	数值型
县局名称	字符型	检尺类型	数值型	HEIGHTCLASS	数值型
样地类别	数值型	直径	数值型		
地类	数值型	材积	数值型		
海拔	数值型	县局代码	数值型		
地貌	数值型	县局名称	数值型		
坡向	数值型				
坡度	数值型				
坡位	数值型				
土壤名称	数值型				
土壤厚度	数值型				
林种	数值型				
优势树种	数值型				
起源	数值型				
平均年龄	数值型				
龄组	数值型				
平均树高	数值型				
郁闭度	数值型				

3.1.2　小班调查和环境因子数据

主要包括研究区的小班调查数据(包括主要的小班调查因子)、1km×1km 的气象数据、地形数据(30m 分辨率 DEM)、1km×1km 的土壤数据等。

3.2　样地数据预处理

由于不同期的数据格式不同,需要统一到相同的字段和代码。以吉林省一类数据为例,前 4 期数据的林种、样地类别、地类、地貌、坡向、坡度、坡位等字段都是用代码表示,第 5 期数据这些字段都是用文字的形式表示。本研究统一采用编码来表示,其中树种和检尺类型代码见表 3-2 和表 3-3。

代码具体含义如下:

(1)保留木:前期调查为活立木,本期调查时已复位的活立木,代码记 11;

(2)进界木:前期调查不够检尺,本期调查已生长到够检尺胸径的活立木,代码记12；

（3）枯立木：前期调查为活立木，本期调查时已枯死的立木，代码记13；

（4）采伐木：前期调查为活立木，本期调查时已被采伐的样木，代码记14；

（5）枯倒木：前期调查为活立木，本期调查时已枯死的倒木，代码记15；

（6）漏测木：前期调查时已达起测胸径而被漏检的活立木，代码记16；

（7）多测木：前期为检尺样木，本期调查时发现位于界外或重复检尺或不属于检尺对象的样木，代码记17；

（8）胸径错测木：两期胸径之差明显大于或小于平均生长量的活立木，代码记18；

（9）树种错测木：两期调查树种名称不相同，确定为前期树种判定有错的活立木，代码记19；

（10）类型错测木：前期检尺类型判定有错的样木，特指前期错定为采伐木、枯立木、枯倒木而本期调查时仍然存活的复位样木，代码记20；

（11）新增样木：大苗移栽造成的新增样木按普通样木调查，代码10。

表3-2 吉林省树种代码表

树种	1994 年	1999 年	2004 年	2009 年	属性
冷杉	20	110	110	110	针叶
云杉	30	120	120	120	针叶
落叶松	70	150	150	150	针叶
红松	10	160	160	160	针叶
樟子松	80	170	170	170	针叶
赤松	90	180	180	180	针叶
黑松	100	190	190	190	针叶
其它松类		290	290	290	针叶
栎类	240	410	410	410	柞树
桦木	250	420	420	420	一阔
白桦		421	421	421	一阔
风桦		422	422	422	一阔
水、胡、黄[①]	210	430	430	430	一阔
水曲柳		431	431	431	一阔
胡桃楸		432	432	432	一阔
黄波罗		433	433	433	一阔
榆树		460	460	460	一阔
其它硬阔类	260	490	490	490	二阔
椴树	270	510	510	510	一阔
杨树	310	530	530	530	一阔
柳树		535	535	535	二阔

注：①水、胡、黄代表水曲柳、胡桃楸、黄波罗。

表 3-3　检尺类型代码表

序号	检尺类型	代码
1	保留木	11
2	进界木	12
3	枯立木	13
4	正常采伐木	14
5	枯倒木	15
6	漏测木	16
7	多测木	17
8	胸径错测木	18
9	树种错测木	19
10	类型错测木	20
11	新增样木	10

3.3　样地数据处理

数据处理模块包括样地类别和编码更新、删除目测与放弃样地、增改设样地编码处理、采伐样地编码处理、跨期样地编码处理、漏测样地编码处理、样地文件合并和样木文件合并。

3.3.1　样地类别编码更新

对每一期数据分别处理，将 5 期数据中样地类别代码统一更新到 2004 年样地类别代码(表3-4)。

表 3-4　样地类别代码表

名称	1994 年代码	2004 年代码
固定样地	1	11
临时样地	2	20
增设样地	3	12
改设样地	4	13
目测样地	5	14
放弃样地	0	19
采伐样地(采伐强度大于15%)		40
漏测样地(漏测树木的断面积比例大于15%)		41

3.3.2 剔除的样地

首先剔除目测与放弃样地、非有林地样地及经济林样地。根据样地类别代码，在每期样地数据中删除目测样地及放弃样地的样地数据，同时删除对应的样木数据。根据样地数据中的地类值（表3-5）删除非有林地样地（地类编码≥150 的，同时删除对应的样木数据。根据林种的代码值删除经济林数据，吉林第一期是林种代码≥40，后面三期林种代码≥250）。

表3-5 地类划分表（2004 年）

一级	二级	三级	代码
林地	有林地	乔木林	111
		红树林	112
		竹林	113
	疏林地		120
	灌木林地	国家特别规定灌木林地	131
		其它灌木林地	132
	未成林地	未成林造林地	141
		未成林封育地	142
	苗圃地		150
	无立木林地	采伐迹地	161
		火烧迹地	162
		其它无立木林地	163
	宜林地	宜林荒山荒地	171
		宜林沙荒地	172
		其它宜林地	173
	林业辅助生产用地		180
非林地	耕地		210
	牧草地		220
	水域		230
	未利用地		240
	建设用地	工矿建设用地	251
		城乡居民建设用地	252
		交通建设用地	253
		其它用地	254

3.3.3 增改设样地、采伐和漏测样地编码处理

这类样地的样地号编码规则为，样地号 = 原样地号 + "_" + "期别" + "_" + "变化原因代码"。其中"期别"用 A，B，C，D，E……来表示，A 表示第一期数据，B，C，D 分别表示第二期、第三期和第四期数据，依次类推；变化原因代码为 2 位，见表3-4 所示。

增改设样地：根据样地数据中的样地类别判定增改设样地，然后将增设样地当期及其

34

后期的样地号更新为原样地号 +"_"+"期别"+"_"+12，将改设样地当期及其后期的样地号更新为原样地号 +"_"+"期别"+"_"+13。如 1999 年改设的样地，则将 1999 年和 1999 年之后的 2004 年，2009 年等年度的该样地的样地号随之更新，同时对应的样木数据的样地号也随之调整。

采伐样地： 在生长建模中要求样地不能受过度采伐，因此将断面积采伐强度 15% 以上的样地看成新样地。若复测样地当期的断面积采伐强度大于 15%，则将当期的样地号及后期的样地号(后期的样地类别也是复测样地)更新为：原样地号 +"_"+"期别"+"_"+40。以吉林省一类数据为例，1999 年为第一期数据，2004 年和 2009 年分别为第二期和第三期数据。如对于 1999 年的 1234 号采伐样地，则将 1999 年的样地号都更新为 1234_ A_ 40。若 2004 年，2009 年该样地的样地类别是复测样地(未采伐)，则 2004 年，2009 年的该样地的样地号均为 1234_ A_ 40，同时对应的样木数据的样地号也随之调整。漏测样地编码处理同采伐样地编码处理原理相同，若复测样地当期的断面积漏测强度大于 15%，则将当期的样地号及后期的样地号更新为：原样地号 +"_"+"期别"+"_"+41。

3.4　逻辑检查

逻辑检查是对数据的正确性进行检查，修正数据中存在的逻辑错误。为了清晰描述数据的处理过程，增加了错误类型和处理类型字段。错误类型字段记录了该条样木数据存在哪类错误；处理类型字段记录了对该条样木数据做了何种处理，包括修正逻辑错误的处理和统一前后期数据的处理。错误类型与处理类型如表 3-6 所示。处理包括修正类型错测木、删除多测木及重复样木、更新树种代码、处理枯立采伐枯倒木、检查和修正保留木胸径倒长等。

表 3-6　逻辑检查及处理表

修正编码	处理类型	错误类型	处理方法
16	16	漏测木	后期补前期树种，检尺类型改为胸径错测木 1)本期树种补所有前期树种 2)本期检尺类型改为胸径错测木 3)补所有前期的胸径(进界) 4)前期为枯立木(13)，所有前期改为保留木(11) 5)前期为枯倒木(15)，所有前期改为保留木(11)
17	17	多测木	所有检尺因子都相同的，保留一条记录，否则都删除
18	18	胸径错测木	后期补前期
19	19	树种错测木	根据后期的检尺类型(19)修正当期 X 的树种代码
20	20	类型错测木	改为保留木(11)(如果是第一期数据则不做处理) 1)前期为采伐木(14)，所有前期改为保留木(11) 2)前期为枯立木(13)，所有前期改为保留木(11) 3)前期为枯倒木(15)，所有前期改为保留木(11)

（续）

修正编码	处理类型	修正类型	处理方法
30	31、41	直径不变	内插方式修正当期的保留木的胸径（31）
			外推方式修正当期保留木的胸径（41）
40	31、41	倒长	内插方式修正当期的保留木的胸径（31）
			外推方式修正当期保留木的胸径（41）
50	50	枯立木（13）、采伐木（14）、枯倒木（15）	将后期的胸径设置为0
60	60	进界木	外推方式修正进界木的当期胸径
90	90	树种代码更新	将各期胸径统一为标准期胸径
160	160	漏测木	将当期及前期的树种代码，设置为本期的树种代码
900	900	亚种名称	将亚种替换为树种

3.4.1　修正检尺类型测错木

类型测错木包括三种情况：

（1）检尺类型是类型测错木（代码20）。

（2）前期检尺类型是枯立木（13）、枯倒木（15），当期检尺类型是漏测木（16）或保留木（11）。

（3）当期检尺类型是漏测木（16）、胸径错测木（18）、树种错测木（19），此种情况表明当期数据是复测数据且已修正前期的错误数据。

对如上三种情况，都按照类型测错木处理，将前期与当期的检尺类型更新为保留木（11），并记录处理类型。处理类型代码表见表3-5。1、3两种情况的处理类型是X20，X代表期别，是A、B、C、D中的任意一个，代表是哪一期处理的数据，如下相同，不再详细说明。第2种情况的处理类型是X21。

3.4.2　删除多测木及重复样木

根据多期检尺类型，如果有一期的检尺类型是多测木（代码是17），则删除该样木。同一个样地中，有多个样木的样木号编号相同，但胸径不同，一旦有重复样木，多期的胸径数据各不相同，重复的个数也不定，做删除处理。

3.4.3　修正树种测错木

更新树种代码分为四个步骤：

（1）多期树种代码中，有些期个别树种采用亚种来标识，将亚种替换为树种。采用亚种的树种代码都是三位，根据亚种的代码特征，取树种代码长度为3且尾数不是0的就是亚种的树种编码，将尾数改为0就得到树种代码。此种情况标注处理类型X900。

（2）根据多期数据的检尺类型，从末期开始将检尺类型是树种测错木（19）的前期的树种代码更新为当期的树种代码，并将当期的检尺类型更新为保留木（11）。

（3）根据树种代码表的映射关系，将多期样木的树种统一更新为标准期（例如第四期）的树种代码，处理类型为 X90。

（4）检查前期树种与后期树种是否一致，如果不一致，则属于类型测错木，将前期的树种代码更新为标准期的树种代码，并将错误类型代码设置为 X19，处理类型标注为 X19。

3.4.4 枯立木、采伐木、枯倒木处理

逐期对检尺类型是枯立木（13）、采伐木（14）、枯倒木（15）的后期胸径设置为 0。若当期检尺类型是以上三种情况，则将后期的胸径设置为 0，并将处理类型标注为 X50。

3.4.5 检查和修正保留木胸径倒长

倒长分两种类型：①前后期直径相等。认为是前期数据有错误，错误类型标注 X30，X 代表期别。②前期直径大于后期直径，认为是前期数据有错误，标注为 40。对保留木胸径倒长情况的处理，采用两种方法，内插法修正胸径为 31，外推法为 41。

内插法：采用内插公式为 $D_i = (D_{i-1} + D_{i+1})/2$。在处理 D_2 期数据时，D_1、D_3 期胸径的数据不能缺失，同理 D_3 期数据。所以此处只能处理 D_2、D_3 期的倒长错误数据。且参与修正的前后两期数据没有错误。记录处理类型代码。

外推法：采用后期推前期的方法，原则上组织同样地同树种的前后两期的正确胸径数据（前后两期的检尺类型都是保留木），当期胸径为 D_i，后期胸径为 D_{i+1}。采用生长率计算回归参数：$D_{i+1} = D_i + gt$，t 是两次的时间间隔，g 是生长率。

若同样地同树种的数据量小于 10 条，则采用同县同树种的前后两期正确胸径数据 D_i、D_{i+1}，若使用 $D_{i+1} = D_i + gt$，计算得到的 D_i 的值为负，则记 $D_i = 0.001$。

3.4.6 修正进界木胸径

若当期是进界木，则将前期的树种代码，设置为当期的树种代码，当期及前期的检尺类型都是进界木的检尺代码（12），当期及前期胸径的计算采用外推法计算。处理类型设置为 X60。分三步操作：

①设置进界木的状态信息，若当期是进界木，则前几期的检尺类型也设置为进界木，检尺代码为 12，前几期胸径设置为 NULL；

②用外推法修正进界木胸径，补齐前期未测的胸径信息；

③若前期计算得出 D_i 的值大于等于 5cm，则记为 4.99cm。

3.4.7 处理漏测木检尺及胸径

若当期是漏测木，则将当期及前期的树种代码，设置为本期的树种代码，本期及前期的检尺类型都是保留木的检尺代码（11），本期及前期胸径的计算采用外推法计算。处理类型设置为 X160。

3.5 样地因子计算及数据统计

根据树高－胸径关系模型和二元材积公式，计算所有样地每期每木树高和材积。在每木树高、材积计算的基础上，统计样地的各个因子，统计分为分树种统计和全林分统计两个部分。分树种统计，是分别树种统计每块样地中的林分因子；全林分统计，是不分树种，统计样地中全部样木的林分因子。样地因子见表3-7。其中原样地号、优势树种、平均年龄、龄组、郁闭度来源于一类调查数据；其它因子均通过统计计算得来。

优势木株数是根据样地中所有树的算术平均高 Avg H，树高标准差 Stdev H，计算树高大于等于 Avg H + 0.5 × Stdev H 的株数。优势木株数最大值取 6 株。优势高 YD 和优势径 YD 分别是样地中最高的优势木株数的算数平均高和算术平均胸径。

优势树种是根据蓄积组成得到。优势树种组成表示的规则如下：若一个树种蓄积比例 ≥65%，则为树种名称纯林；若 2 个树种蓄积和比例 ≥65%，则为此两种的比例 + 树种名称；若 3 个树种蓄积和比例 ≥65%，则为此三种的比例 + 树种名称；若无 3 个树种蓄积和比例 ≥65%，则值为蓄积排名前 3 的树种 + 其他。以上若有蓄积比例相同，则按照树种优先级排序。

表中活立木大是指当前保留与当前进界的样木数据，也就是当期胸径 ≥5cm 的样木数据；活立木小是对后期的进界木向当期推算胸径得到的样木，也就是当前胸径 <5cm 的样木数据。

活立木大 D_g 是活立木大的平均平方胸径 $D_g = \sqrt{\dfrac{1}{n}\sum D_i{}^2}$，其中 D_i 是第 i 株树的当期胸径。

活立木大 D_q 是活立木的算术平均直径 $D_q = \dfrac{1}{n}\sum D_i$。

记录数 = 活立木大 N + 枯损 N + 采伐 N（理论上应等于样木数据样地的样木记录条数，实际上因胸径修正等因素存在偏差）。

活立木 N = 活立木大 N + 活立木小 N。

表 3-7　样地因子统计表

字段	说明
样地号	经过编码处理的样地号
原样地号	来源于样地调查数据
优势树种	来源于样地调查数据
平均年龄	来源于样地调查数据
龄组	来源于样地调查数据
郁闭度	来源于样地调查数据
优势木株数	计算优势高时取的优势木株数

字段	说明
优势高 YD	统计的样地优势高(最高几株树的算术平均高)
优势径 YD	统计的样地优势高树对应的优势径(最高几株树的算术平均胸径)
平均高 YD	统计的样地断面积平均高
优势高 SZ	统计的前三优势树种对应的优势高(根据树种排名)
优势径 SZ	统计的前三优势树种对应的优势径
平均高 SZ	统计的前三优势树种对应的平均高
优势树种	根据材积统计的优势树种
优势树种组成	根据材积统计的林分类型(至多取前三优势树种)
树种组成 V	按照材积统计树种组成(百分位组成 V、十分位组成 V)
记录数	当期样地当前时间样木表应有的记录数
活力木大 N	当期胸径大于等于 5cm 树木的株数
活力木大 BA	当期胸径大于等于 5cm 树木的胸高断面积总和
活力木大 V	当期胸径大于等于 5cm 树木的蓄积之和
活力木大 D_g	当期胸径大于等于 5cm 树木的平方平均胸径
活力木大 Dm	当期胸径大于等于 5cm 树木的算术平均直径
活力木大 aSDI	基于当期胸径大于等于 5cm 树木计算,$aSDI = \sum (D_i/20)^{1.605}$
活力木大 rSDI	基于当期胸径大于等于 5cm 树木计算,$rSDI = n (D_q/20)^{1.605}$
活力木小 N	当期胸径小于 5cm 的样木株数
活力木 N	当期活力木大 N + 活力木小 N 的样木株数
枯损 N	当期样木检尺类型为枯损的样木株数
采伐 N	当期样木检尺类型为采伐的样木株数
测高树种、年龄、胸径	当期样地的测高树的信息,一个样地至多不超过 5 棵测高树
密度指数 aSDI	包含活立木小 N 的样地水平的 aSDI 值(计算公式同活力木大 aSDI)
密度指数 rSDI	包含活立木小 N 的样地水平的 rSDI 值(计算公式同活力木大 rSDI)

3.6　样地立地因子划分

为便于建模和划分立地等级,需要将立地因子(海拔、坡度、坡向、坡位、土层厚度和腐殖层)划分为若干个等级。根据数据的类型和一类规程、二类规程的说明,制定出立地条件划分的准则,如表 3-8 所示,并且把一类数据和二类数据统一成相同的标准。

根据表 3-8 立地类型划分条件,将一类数据和二类数据统一划分相同代码。立地统一按照先就多,后就近的原则编写程序,即 5 期数据中有 3 期或超过 3 期数据的相同立地因子，则按照较多的这个立地因子将各期立地因子更新。如果这 5 期中立地因子没有超过 3 期，则按照就近的原则，选择最新一期的立地因子更新。立地因子更新需要分别进行。

表 3-8　立地因子划分条件

立地类型划分条件	因子
海拔	200m 一个等级 海拔等级 = int((海拔 +1)/200) +1
坡度	10 度一个等级， 坡度等级 = int((坡度 +4)/10) +1
坡向	1. 北坡：方位角 338°~22° 2. 东北坡：方位角 23°~ 67° 3. 东坡：方位角 68°~ 112° 4. 东南坡：方位角 113°~157° 5. 南坡：方位角 158°~202° 6. 西南坡：方位角 203°~247° 7. 西坡：方位角 248°~292° 8. 西北坡：方位角 293°~337° 9. 无坡向：坡度 <5°的地段
坡位	1. 脊部；2. 上坡；3. 中坡；4. 下坡；5. 山谷；6. 平地
土层厚度	土层厚度等级 = int((土层厚度 +1)/20) +1 1. 土层厚度 <19cm 2. 19cm≤ 土层厚度 <39cm 3. 39cm≤ 土层厚度 <59cm 4. 土层厚度 ≥59cm
腐殖质层	1. 薄：<2cm 2. 中：2 ~4.9cm 3. 厚：>5cm

3.7　基础地理和环境因子数据

从国家基础地理信息系统平台（http://ngcc.sbsm.gov.cn/）下载中国矢量地图（1∶400万）作为分析底图，裁剪出研究区的范围，提取省界、市界、县界。之后提取研究区不同分辨率的地形、气象和土壤数据。最后一个关键是样地测树因子与环境因子的匹配。由于环境因子的空间分辨率不同，采用距离样地最近的最小单元的值作为样地的环境因子值。

3.7.1　地形、气象数据及处理

本研究从地理国情监测云平台下载研究区数字高程模型（DEM）数据产品（http://www.dsac.cn/DataProduct/Detail/20082022）。基于 DEM 生成坡向（aspect）、坡度（slope）、海拔（elevation）图层。数据空间分辨率为 30m，经地理信息系统软件处理，将分辨率和坐标系与气候、土壤等环境图层一致。

40

气候数据来源于世界气候数据库，空间分辨率为 30 弧秒（相当于 1km 空间分辨率）。通过与研究区的基础地理数据配准、裁剪形成研究区的气候数据。包括了温湿度、水热条件等 19 个气候变量（表 3-9）（Hijmans et al.，2005；来自 http://www.worldclim.org/）。

表 3-9　气候因子变量表

反映的指标类别	代码	变量名称	
平均温度及其变异幅度	BIO1	年平均温度	Annual Mean Temperature
	BIO4	季节性温度变异	Temperature Seasonality（standard deviation ×100）
温差特点	BIO2	每月最高温与最低温差值的平均值	Mean Diurnal Range（Mean of monthly（max temp-min temp））
	BIO3	温差等温值，昼夜温差与年温差比值	Isothermality（BIO2/BIO7）（×100）
	BIO7	温度的年较差	Temperature Annual Range（BIO5－BIO6）
极端温度影响	BIO5	最热月的最高温度	Max Temperature of Warmest Month
	BIO6	最冷月的最低温度	Min Temperature of Coldest Month
	BIO10	最热季度的平均温度	Mean Temperature of Warmest Quarter
	BIO11	最冷季度的平均温度	Mean Temperature of Coldest Quarter
水热是否同步	BIO8	最湿季度的平均温度	Mean Temperature of Wettest Quarter
	BIO9	最干季度的平均温度	Mean Temperature of Driest Quarter
	BIO18	最热季度的降水量	Precipitation of Warmest Quarter
	BIO19	最冷季度的降水量	Precipitation of Coldest Quarter
降水量及其季节性分布	BIO12	年降水量	Annual Precipitation
	BIO15	季节性降水量变异系数	Precipitation Seasonality（Coefficient of Variation）
	BIO13	最湿月的降水量	Precipitation of Wettest Month
极端水分条件	BIO14	最干月的降水量	Precipitation of Driest Month
	BIO16	最湿季度的降水量	Precipitation of Wettest Quarter
	BIO17	最干季度的降水量	Precipitation of Driest Quarter

其中，反映平均温度及其变异幅度的指标：BIO1、BIO4；反映温差特点的指标：BIO2、BIO3、BIO7；反映极端温度影响的指标：BIO5、BIO6、BIO10、BIO11；反映水热是否同步的指标：BIO8、BIO9、BIO18、BIO19；反映降水量及其季节性分布的指标：BIO12、BIO15；反映极端水分条件的指标：BIO13、BIO14、BIO16、BIO17。

3.7.2　土壤数据处理

在国家地球系统科学数据平台下载"面向陆面模拟的中国土壤数据集"，它是由北京师范大学利用陆地地表模型开发的综合的高分辨率栅格土壤特征数据集，包括剖面深度、土层厚度、pH 值、有机质等 33 个变量（表 3-10）。不同土壤属性的数据为栅格格式，空间分辨率为 30 弧秒。

表 3-10　土壤属性及代码

土壤属性(英)	土壤属性(中)	代码	单位
Available K	速效钾	AK	Mg/kg
Exchangeable Al^{3+}	可交换的铝离子	AL	Me/100g
Alkali – hydrolysable N	碱解氮	AN	Mg/kg
Available P	速效磷	AP	Mg/kg
Bulk Density	容重	BD	g/cm^3
Clay	黏粒	C1	—
Silt	粉粒	SI	—
Sand	砂粒	SA	—
Exchangeable Ca^{2+}	可交换的钙离子	CA	Me/100g
Cation Exchange Capacity (CEC)	可交换阳离子量	CEC	Me/100g
Dominant and Second Consistency 1	主副层土壤结持性1	CL	—
Dominant and Second Consistency 2	主副层土壤结持性2	CW	—
Dominant and Second Consistency 3	主副层土壤结持性3	RC	—
Dry Chroma Value	干土色度值	DC	—
Dry Color Hue	干土色调	DH	—
Rock fragment	砾石	GRA	—
Exchangeable H^+	可交换的氢离子	H	Mg/kg
Exchangeable K^+	可交换的钾离子	K	Mg/100g
Exchangeable Mg^{2+}	可交换的镁离子	MG	Me/100g
Exchangeable Na^+	可交换的钠离子	NA	Me/100g
pH Value (H_2O)	pH 值	PH	pH units
Root Abundance Description	根量	R	—
Dominant and First Structure	主副层的结构1	RS	—
Dominant and Second Structure	主副层的结构2	S1	—
Dominant and Third Structure	主副层的结构3	SW	—
Soil Organic Matter	有机质	SOM	g/100g
Total K	全钾	TK	g/100g
Total N	全氮	TN	g/100g
Total P	全磷	TP	g/100g
Underwater Chroma Value	水下色度值	UNC	—
Color Hue(water condition unclear)	水下不明色调	UNH	—
Wet Chroma Value	湿土色度值	WC	—
Wet Color Hue	湿土色调	WH	— —

　　由于每个土壤物理和化学属性数据分为 8 层，最深土层深度为 2.3 m；本研究选取前 5 层的属性数据进行加权平均计算（权重为该层厚度占全部土壤厚度的比），作为该土壤层属性值（表 3-11）。

表 3-11　土壤各层厚度及权重

层次	深度范围	厚度（m）	前五层权重
第 1 层	0 ~ 0.045	0.045	0.092
第 2 层	0.045 ~ 0.091	0.045	0.092
第 3 层	0.091 ~ 0.166	0.075	0.153
第 4 层	0.166 ~ 0.289	0.123	0.249
第 5 层	0.289 ~ 0.493	0.204	0.414
第 6 层	0.493 ~ 0.829	0.336	
第 7 层	0.829 ~ 1.383	0.554	未参与加权
第 8 层	1.383 ~ 2.296	0.913	

第4章

基于林分高生长的立地分级

林分高生长模型是模拟林分高随时间变化，本质上属于理论生长方程。理论生长方程作为描述一种有机体或一个种群大小随年龄变化的模型，可以反映生物生长的规律性。它的特点是逻辑性强，参数可作出生物学意义的解释并可从理论上对尚未观察的事实进行预测，属于机理模型的范畴。本章提出了基于立地约束和林分高生长的立地分级方法，该方法基于一个基本假设：相同年龄不同林分高是由两个方面的原因造成的，一是遗传因素，二是环境因子。生长类型分级解决遗传因素的影响；在相同生长类型和年龄的条件下，不同的林分高（可以是优势高或平均高）是由环境因子（立地因子）或经营措施造成的。环境因子很多，比如地形因子、土壤因子、气候因子等。这些因子相互影响，共同作用，造成了林分高之间的差异。环境因子间的相关性、交互性以及对林分高生长影响的显著性也不尽相同。

4.1 林分高生长模型的选择

理论生长方程中可以用于林分高生长的模型很多，例如：Richard 曲线、Logistic 曲线、Gompertz 曲线和 korf 曲线等，表 4-1 列出了 ForStat 软件中常用的 11 种生长曲线（唐守正等，2009），适用于各年龄、立地均匀的抽样，不均匀样本可能产生较大的系统偏差。

表 4-1　11 种常用的生长曲线

曲线名称	方程	参数 c 的范围
倒数型曲线	$y = a + \dfrac{b}{c + x}$	0 ~ 50
广义单分子型	$y = a + be^{-cx}$	0 ~ 50
Richard 曲线	$y = a(1 - e^{-cx})^{b}$	0.001 ~ 2
Logistic 曲线	$y = \dfrac{a}{1 + b\,e^{-cx}}$	0.1 ~ 9

（续）

曲线名称	方程	参数 c 的范围
Hossfeld 曲线	$y = \dfrac{a}{1 + b\,x^{-c}}$	$0.1 \sim 9$
Korf 曲线	$y = a e^{-bx^{-c}}$	$0.001 \sim 2$
Levakovic 曲线 3 型	$y = a\left(\dfrac{x^2}{c + x^2}\right)^b$	$1 \sim 2500$
Levakovic 曲线 2 型	$y = a\left(\dfrac{x}{c + x}\right)^b$	$1 \sim 50$
Gompertz 曲线	$y = a\,e^{-be^{-cx}}$	$0.001 \sim 2$
平移 Allometeric 方程	$y = a(x + c)^b$	
对数线性式	$y = a + b log(x + c)$	

注：a，b，c 为参数。

以林分年龄为自变量，以林分高为因变量，使用多种曲线拟合林分高生长模型；由于相同林分年龄存在不同的林分高，不考虑样地和立地因子等条件约束的情况下，树高分为 X 级（$X = 5$ 或 10），拟合相应的林分高生长模型（详细步骤见 4.3）；以模型决定系数、参数的显著性检验为依据，选择树高分级模型和不分级模型拟合效果均较好的模型作为入选的林分高生长模型。

4.2　约束条件选择

4.2.1　定量因子定性化

影响林分高生长的因子很多，固定样地在林分类型没有发生显著变化的情况下，多次复测时立地因子等约束条件不变。立地因子按数据类型分为气候因子、土壤因子和地形因子，按数据性质可分为定性因子和定量因子（有量纲）。在国家森林资源连续清查（一类调查）和大多数二类调查中，立地因子主要包括土壤因子和地形因子。土壤因子包括土壤类型、土壤厚度、腐殖质厚度和枯枝落叶厚度，地形因子包括地貌、坡向、坡位、坡度、海拔等。按照相关调查规范，需要对土层厚度、腐殖质厚度、枯枝落叶层厚度等定量因子进行定性化（国家林业局，2014）。由于不同森林类型有一定的海拔分布，森林类型和海拔高度不一定是线性关系，对海拔高度按 $200\mathrm{m}$ 一个等级进行分类定性化。这样，所有因子均变成定性因子。

4.2.2　约束因子主效应方差分析

以 4.1 中入选模型树高分级的等级为因变量，以所有约束因子（均为定性因子）为入选变量，进行不包含交互作用的多因子方差分析，按照显著性 $\alpha < 0.40$ 或 $\alpha < 0.50$ 的标准，筛选出主效应对树高分级有影响的约束因子。

4.3 树高生长初步分级

在森林类型(林分生长类型)一定的情景下,约束因子对立地分级起决定性作用。

4.3.1 无约束的树高生长分级

(1)确定每个样地的龄级或年龄分组

根据森林类型和样地年龄的范围,按2年、5年或10年,确定林分龄级或对样地年龄跨度进行分组(一般10~20组),明确每个样地的龄级或具体的年龄分组:

$$A_c = \text{int}(age/10) + 1 \tag{4-1}$$

$$A_c = \begin{cases} k \; if \; \min A + (k-1)Dage \leq age < \min A + kDage & k = 1,2,\cdots,m-1 \\ m \; if \; \min A + (k-1)Dage \leq age \leq \max A & k = m \end{cases}$$

$$\tag{4-2}$$

式中:A_c 表示样地的龄级和年龄分组,age 为样地的具体年龄,$\text{int}(X)$ 表示参数为 X 取整函数,m 为样本年龄跨度的分组数,$\min A$ 为样本中最小的年龄,$\max A$ 为样本中最大的年龄,$Dage$ 为年龄组间的差值$(\max A - \min A)/m$。

经过式4-1或式4-2的计算后,一个样地只能属于一个龄级或年龄分组。

(2)每个样地初始树高分级的确定

对于每个样地,在它隶属的龄级或年龄分组中,确定其初始的树高分级。

$$H_i^l = \begin{cases} k \; if \; \min H_i^A + (k-1)D H_i^A \leq H_i < \min H_i^A + kD H_i^A & k = 1,2,\cdots,n-1 \\ n \; if \; \min H_i^A + (k-1)D H_i^A \leq H_i \leq \max H_i^A & k = n \end{cases}$$

$$\tag{4-3}$$

式中:H_i 表示第 i 个样地的树高,H_i^l 表示第 i 个样地的树高分级为 l,$\min H_i^A$ 表示第 i 个样地所属龄级或年龄分组的最小树高,$\max H_i^A$ 表示第 i 个样地所属龄级或年龄分组的最大树高,n 为树高分级数,$D H_i^A$ 表示第 i 个样地所属龄级或年龄分组内树高级差$(\max H_i^A - \min H_i^A)/n$。

(3)分级参数的确定

根据4.1中第一步选择模型的拟合结果,以变异系数(参数估计值的渐近标准差除以参数估计值)最大的参数,并考虑估计值的渐近相关矩阵,确定树高分级体现在哪个参数上。例如:吉林省的落叶松白桦混交林分级中,以 Richard 模型 $a(1 - e^{-bA})^c$ 为例,分级参数主要是 a 和 c(以下均以此为例)。参数分级可以等间距或不等间距,等间距参数较少,拟合决定系数略小,但修正的决定系数不一定小;不等间距参数较多,特别是在分级数较大时,模型拟合决定系数较好,但拟合参数可能不稳定,修正决定系数不一定最优。

(4)分级参数设计矩阵构造

第 i 个样地分级参数设计矩阵 $Des H_i$ $(1 \times n)$ 的元素为:

$$desh_{ik} = \begin{cases} 1 & k = l \\ 0 & k \neq l \end{cases} \quad k = 1,2,\cdots,n \tag{4-4}$$

式 4-4 表示第 i 个样地的树高分级为 l 时，其值为 1，其余为 0。

（5）模型拟合，获得估计参数

$$H_i = Des H_i a(1 - e^{-bA_i})^{DesH_i c} + e_i \qquad (4-5)$$

式中：H_i 表示第 i 个样地的林分高，A_i 表示第 i 个样地的实际年龄（不是龄级或年龄分组），e_i 表示第 i 个样地的林分高估计误差项，a，b 和 c 为估计参数，其中 a 和 c 均为 $n \times 1$ 矩阵。

（6）样地树高重新分级

利用式 4-5 的 n 条曲线，对每个样地获得 n 个估计高，最接近实测高所在曲线的等级，即为重新确定的树高等级。

$$H_i^l = \{k : \min\{\left| a_k (1 - e^{-bA_i})^{c_k} - H_i \right| : k = 1, 2, \cdots, n\}\} \qquad (4-6)$$

式中：a_k 和 c_k 是第 k 条曲线的参数。

如果每个样地的树高分级和上次的分级一致，则不含立地因子的树高分级结束，否则返回（4）重新构造分级参数设计矩阵。

4.3.2　约束的树高生长初步分级

以 4.2 中筛选出的约束因子交互作用为约束单元（各个因子水平组合相同的样地集合），形象地称为"组合格子"，简称"格子"。约束既可以是立地约束，也可以样地复测 * 立地的组合约束。这时，一个样地只能属于一个格子，而一个格子则可以包含多个样地（各个因子水平组合相同）。

$$M = \sum_{i=1}^{L} m_i \qquad 1 \leq m_i \leq M, \qquad 1 \leq L \leq M \qquad (4-7)$$

式中：m_i 表示第 i 个格子的样地数，M 表示总样地数，L 表示格子数。

计算每个立地单元与 4.3.1 确定的 n 条树高分级曲线的距离平方和，使距离平方和最小值的树高分级即为该格子的初步分级等级。一个格子只能属于一个树高分级，而一个树高分级则可以包含多个格子。

$$SH_i^l = \{k : \min\{\sum_{j=1}^{m_i} (a_k (1 - e^{-bA_{ij}})^{c_k} - H_{ij})^2 : k = 1, 2, \cdots, n\}\} \qquad (4-8)$$

式中：SH_i^l 表示第 i 个格子的树高分级为 l，A_{ij} 表示第 i 个格子第 j 个林分的实际年龄，H_{ij} 表示第 i 个格子第 j 个林分的实测高。

4.4　林分高生长模型的修正

（1）格子分级参数设计矩阵构造

以式 4-8 确定的树高分级为依据，构造格子分级参数设计矩阵。

当树高分级为 l 时，分级参数设计矩阵 $Des H_{ij}(1 \times n)$ 的元素为：

$$desh_{ijk} = \begin{cases} 1 & k = l \\ 0 & k \neq l \end{cases} \quad k = 1, 2, \cdots, n \qquad j = 1, 2, \cdots, m_i \qquad (4-9)$$

（2）模型拟合，获得估计参数

$$H_{ij} = Des\, H_{ij}a(1 - e^{-bA_{ij}})^{DesHijc} + e_{ij} \qquad (4-10)$$

式中：H_{ij} 表示第 i 个格子第 j 个样地的林分高，A_{ij} 表示第 i 个格子第 j 个样地的林分年龄（不是龄级或年龄分组），e_{ij} 表示第 i 个格子第 j 个样地的林分高误差项，a，b 和 c 为估计参数，其中 a 和 c 均为 $n \times 1$ 矩阵。

（3）格子重新分级

计算每个格子与式 4-10 确定的 n 条树高分级曲线的距离平方和，使距离平方和最小值的树高分级即为该格子的重新分级等级（式 4-8）。

如果每个格子的树高分级和上次的分级均保持不变，则林分高生长模型的修正完成，否则返回（1）重新构造格子分级参数设计矩阵（李海奎，2011，2013）。

4.5 应用案例

4.5.1 样地数据

以吉林省多期固定样地中落叶松白桦混交林为例（共有样地 1075 个），基于样地复测及样地复测和立地约束进行林分高生长分级，这里的林分高为林分平均高。表 4-2 列出了林分平均高和年龄的统计量，图 4-1 给出了林分平均高和年龄的散点图。

表 4-2 落叶松白桦混交林年龄和林分平均高的统计量

变量名	平均数	中位数	标准差	最小值	最大值
年龄（a）	42	38	20	5	135
林分平均高（m）	13.9	14.0	2.3	6.7	20.3

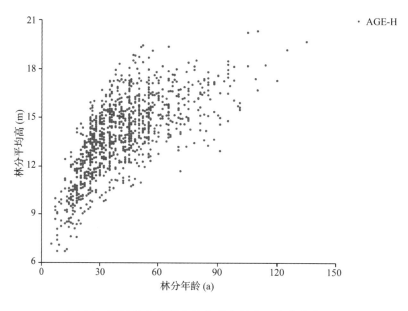

图 4-1 落叶松白桦混交林年龄和林分平均高散点图

4.5.2 模型选择

以林分年龄为自变量，以林分高为因变量，在没有约束的情况下，多种生长曲线拟合结果见表4-3（限于篇幅，仅列出部分模型的结果）。表4-3 显示 4 种模型的残差平方和决定系数非常接近，参数的渐近相关系数矩阵，除 Logistic 曲线外，其余 3 种参数间相关系数均大于 0.94，例如理查德曲线中参数 a 和 b 相关系数为 -0.9228，a 越大，b 越小，说明参数间关系密切，所以在分级只添加在其中的一个参数即可。在这里，对 Richard 曲线和 Logistic 曲线，分级参数为 a 和 c；对 Hossfeld 曲线和 korf 曲线，分级参数为 a 和 b。表4-4 给出了在无约束分 10 级的情况下，各种模型的拟合结果，从中可以看到：分级后各种模型的残差平方和都显著减小，决定系数明显增加，均在 0.99 以上，其中 Richard 模型最好，达 0.9916，原模型中参数间最大的相关系数也有一定程度的下降，但方向性不变。在这里，我们把 Richard 模型作为入选的最佳模型。

表 4-3　林分平均高生长模型拟合结果

模型	残差平方和	决定系数	参数的渐近相关阵			
				a	b	c
Richard 曲线	2589.88	0.5622	a	1.0000	-0.9228	0.7644
			b		1.0000	0.9428
			c			1.0000
Logistic 曲线	2612.43	0.5583	a	1.0000	-0.4276	-0.7878
			b		1.0000	0.8529
			c			1.0000
Hossfeld 曲线	2586.78	0.5627	a	1.0000	-0.8556	-0.9541
			b		1.0000	0.9698
			c			1.0000
Korf 曲线	2593.47	0.5616	a	1.0000	-0.9138	-0.9786
			b		1.0000	0.9769
			c			1.0000

表 4-4　无约束分 10 级后林分平均高生长模型拟合结果

模型	残差平方和	决定系数	参数间最大相关系数	
			原模型	分级模型
Richard 曲线	49.86	0.9916	0.9428	0.7868
Logistic 曲线	50.72	0.9914	0.8529	-0.9250
Hossfeld 曲线	52.18	0.9912	0.9698	-0.9857
Korf 曲线	52.67	0.9911	-0.9786	-0.9601

4.5.3 样地约束的林分高生长分级

图 4-2 给出了样地约束时的样地年龄和样地平均高的关系图。图中同一样地多期复测

的结果用线段连接，可以看到随着年龄的增加，林分平均高也在增加。表4-5 给出了样地复测约束时分10级林分平均高生长模型拟合结果，从中可以看到，模型的残差平方和（SSE）仅为213.99，决定系数达到0.9638，效果良好。

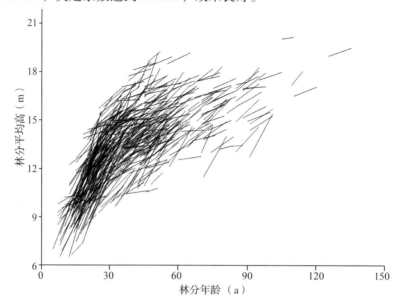

图 4-2　落叶松白桦混交林样地约束的年龄和林分平均高关系图

表 4-5　样地约束时分 10 级的落叶松白桦混交林林分平均高生长模型拟合结果（Richard 模型）

分级等级	a	b	c
1	22.47	0.018540	0.3749
2	21.77	0.018540	0.3990
3	21.07	0.018540	0.4231
4	20.37	0.018540	0.4473
5	19.68	0.018540	0.4714
6	18.98	0.018540	0.4955
7	18.28	0.018540	0.5196
8	17.58	0.018540	0.5437
9	16.89	0.018540	0.5678
10	16.19	0.018540	0.5920

注：$SSE = 213.99$，$R^2 = 0.9638$

4.5.4　样地复测 + 立地约束的林分高生长分级

表4-6 给出了样地复测 + 立地约束时分10级林分平均高生长模型拟合结果，从中可以看到，模型的残差平方和（SSE）为208.19，决定系数达到0.9648，均略优于仅样地复测约束的拟合结果，拟合的参数也比较接近，主要是因为样地复测 + 立地约束划分出的格子仅

略多于样地复测约束的格子(530 VS 514)。如果以最终修正的树高曲线为基准(表4-6),对同一格子中的样地不加约束,则同一格子中的样地最优树高等级(样地树高实测值与10条树高曲线中距离最近的那条所在的树高等级)可能不同,我们把一个格子中,不同样地树高等级的最大差值称为相差级别,它是评价树高分级效果的一个重要指标。表4-6 给出了样地复测 + 立地约束时各个相差级别的格子数和比例,从中可以发现:分 10 级时,相差级别不大于2 级的格子数为 509 个,占 96.04%,而大于或等于 3 级的格子数仅为 31个,占 3.96%。格子的最终树高分级位于该格子样地在未约束时的最大分级和最小分级之间,所以约束后的树高分级与该格子样地树高分级的差值小于或等于相差级别。图4-3 给出了落叶松白桦混交林样地复测 + 立地约束的各个分级的林分平均高和林分年龄散点及分级等级图,从中可以看到,各个树高等级预测曲线和原始数据之间具有较好的一致性。

表 4-6　样地 + 立地约束时分 10 级的落叶松白桦混交林林分平均高生长模型拟合结果(Richard 模型)

分级等级	a	b	c
1	22.40	0.017404	0.3556
2	21.74	0.017404	0.3804
3	21.08	0.017404	0.4052
4	20.41	0.017404	0.4299
5	19.75	0.017404	0.4547
6	19.08	0.017404	0.4795
7	18.42	0.017404	0.5042
8	17.75	0.017404	0.5290
9	17.09	0.017404	0.5537
10	16.43	0.017404	0.5785

注:$SSE = 208.19$,$R^2 = 0.9648$

表 4-7　落叶松白桦混交林样地 + 立地约束时分 10 级的各个相差级别的格子数和比例

相差级别	格子数	比例(%)
-1	21	3.96
0	223	42.08
1	205	38.68
2	60	11.32
3	18	3.40
4	3	0.57
5	0	0.00
6	0	0.00
7	0	0.00
8	0	0.00
9	0	0.00

注:-1 表示格子中只有一个样地

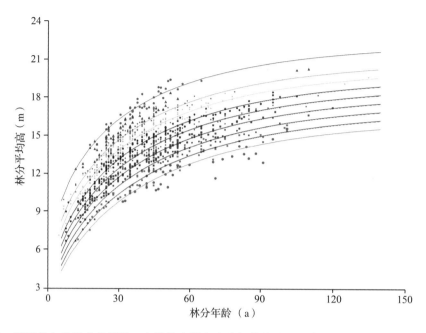

图 4-3 落叶松白桦混交林样地 + 立地约束的各个分级的林分平均高和林分年龄散点及分级图

基于生长过程的林分生长类型组划分

林分生长类型为具有近似树种组成、起源相同、立地条件近似、而有相似生长过程的一类林分。即在固定立地条件下，相同年龄时有相似的林分高、断面积和蓄积的林分。但如何进行林分生长类型的划分，并没有统一的方法。本章提出一套基于林分生长过程的林分生长类型组划分方法（段光爽，2018）。首先通过双向指示种 TWINSPAN 法划分出初始分类，即利用混交林树种组成数据将其划分出初始分类；然后基于林分生长过程形成生长类型，即在初始分类基础上，结合林分生长过程利用各生长曲线间差异进行聚类，形成林分生长类型组。

5.1 林分生长类型划分原理

利用潜在生产力评价立地质量基于一个基本假设：在同一立地上，相同的林分类型，如果有近似的林分结构和近似的密度，则具备近似的生长过程，包括高生长、断面积生长和蓄积生长（雷相东等，2018）。具有这种性质的相同林分类型，称之为林分生长类型组。不同立地等级的林分生长类型组组合，称之为林分生长类型。

为保证同一林分生长类型组具有近似的生长过程，需要满足 2 条限制：具备相同的林分生长类型组和相同的立地条件。同时保证这 2 条成立，现阶段实际操作比较困难，一个合理的思路是优先控制一方，在此基础上再保证另一方成立。据此，提出这样一套方案：首先划分林分生长类型组，即将具备近似生长过程的林分合并成林分生长类型组，保证相同的林分生长类型组具有近似的生长过程；然后划分林分生长类型，即将具有近似生长过程的不同立地条件上的林分生长类型组合并成林分生长类型，保证相同的立地条件上林分生长类型具有近似的生长过程（图 5-1）。显然，这种方案产生的林分生长类型，即在固定立地条件下，具有相似林分高生长、断面积生长和蓄积生长的林分组合，满足利用潜在生产力评价立地质量所需的基本假设。林分生长类型组划分好坏直接关系到林分生长类型划分优劣，从而进一步影响混交林立地质量评价结果，其中混交林生长类型的划分是一个难

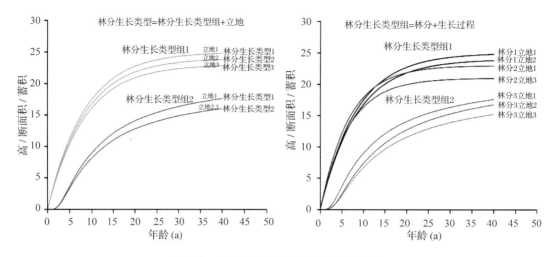

图 5-1　林分生长类型组和生长类型图示

点。到底多大组成差异会引起生长过程的不同？划分林分生长类型目的是保证同一林分类型具有近似生长过程。众所周知，混交林如果具有近似树种组成则具有近似的生长过程，于是可通过 TWINSPAN 法将具有近似树种组成的林分合并成一类，所有混交林林分形成一个初始分类。而不同树种组成的林分可能具有近似的生长过程，可再结合林分生长模型，将初始分类合并成最终生长类型。因此，两步走确保了同一生长类型具有最近似的生长过程，即 TWINSPAN 法保证了混交林树种组成的相似，基于生长模型的聚类法保证了混交林林分生长过程的近似。

5.2　基于 TWINSPAN 法的初始分类

双向指示种 TWINSPAN 分析方法是在指示种分析基础上修改而成的，它同时完成样方和种类分类。TWINSPAN 分类过程如下：首先利用对应分析和相互平均法处理原始数据矩阵，得到样方和种的第一排序轴；然后依据第一排序轴分别对样方和种进行分类。这样原始数据就分类成 2 类，进一步分别针对这 2 类重复上面两步，直至满足事先给定的划分层数（Hill，1979；张金屯，1995）。以下主要介绍基于 TWINSPAN 法对混交林进行分类。

利用 TWINSPAN 法划分混交林，首先需要构建原始数据矩阵。原始数据矩阵采用混交林各树种的组成，以百分制记录。形成原始数据矩阵（式 5 - 1）。

$$Y = \begin{pmatrix} B_{1 \times m} \\ V_{n \times m} \end{pmatrix} \qquad (5-1)$$

式中，矩阵 $B_{1 \times m}$ 为由树种名组成的 $1 \times m$ 的行向量；矩阵 $V_{n \times m}$ 为各样地相应树种的蓄积百分比组成的 $n \times m$ 的矩阵；m、n 分别为树种数和样地个数。

其次，需要设置各种参数。一是假种个数，TWINSPAN 分析方法在分类中引入了假种概念，即相同物种在不同多度下有不同的指示含义而被视为不同"种"来处理（张会儒等，2006）。例如综合权衡吉林省混交林树种组成特征，依据各树种的组成数把树种分成 5 个等级，即每个树种形成 5 个假种。二是每类限制个数，TWINSPAN 分析方法默认的每类限制个数为 5 个，由于混交林样地个数很大，可以适当放宽到 100 个。三是最终分类个数，根据样本量大小进行适当选择。

TWINSPAN 法具体步骤为：

第一步，统计各样地树种组成信息，形成原始数据矩阵；

第二步，运行 R 软件 twinspanR 包，设置分类个数、每类限制个数、假种水平等参数，形成初始分类；

第三步，提取初始分类林分特征，根据林学知识和专家经验判断初始分类结果好坏。如若不行，返回第二步，直至满意为止。利用 TWINSPAN 法将混交林划分出初始分类后，需要核查划分结果的好坏。这里主要根据树种组成的近似性原则，结合林业知识和经验进行初步筛查，通过以下方面考虑：①样地个数分布的合理性；②提取树种组成排名前二或前三组合个数以及它们所占比例范围，比较各个初始分类的差异；③是否涵盖了常见的一些森林类型。如果没有达到预想效果，可以重新设置 TWINSPAN 参数进行划分。

TWINSPAN 分析方法利用了可能存在的某种环境梯度来对数据进行分割，分类结果具有很好的生态学的解释，从而成为一种应用很广泛的分类方法。利用 TWINSPAN 法划分混交林形成初始分类，再根据不同初始分类中林分生长过程的差异，进一步聚类成林分生长类型组。

5.3　基于生长过程的林分生长类型组划分

5.3.1　林分生长类型组划分具体步骤

由于初始分类一般较多，为便于应用，在初始分类基础上，引入林分生长过程，结合生长曲线间差异再次合并形成林分生长类型组。整个过程按生长变量、模型形式、聚类对象和聚类方法涉及 4 次分化（图 5-2）：其一，林分生长变量选择，包括高生长、断面积（蓄积）生长和综合两者生长，根据吉林省经验，断面积和蓄积生长过程类似，二者统一分组可以满足实用要求；其二，模型策略选择，包括混合效应模型（以得到的初始分类为随机效应）和分组拟合模型（每个初始分类数据单独拟合）；其三，聚类对象选择，包括模型参数聚类和生长曲线聚类。模型参数聚类是指将生长方程的参数进行聚类，如果林分生长变量选择综合高生长和断面积生长，则模型参数考虑合并这两个生长方程参数并做变换，即新参数值等于（参数估计值 − 该类参数的平均值）/该平均值。生长曲线聚类是指对各初始分类生长曲线间面积进行聚类，如果林分生长信息选择综合高生长和断面积生长，则先将曲线间面积标准化，然后定义生长曲线间面积等于这两类生长曲线面积的加权平均值；其四，聚类方法选择，包括平均值法、Ward 法、k 均值法和基于中心点划分法（后两者方法不适合于生长曲线聚类）。以上林分生长信息选择、模型形式选择、聚类对象选择和聚类方法选择的组合共产生分类方案 36 种，每一种的具体步骤如下：

第一步，确定林分生长模型，即选择高生长和断面积生长的具体方程形式；

第二步，基于固定样地数据拟合获取生长模型的参数估计值；

第三步，利用模型参数或生长曲线进行聚类形成初始林分生长类型组；

第四步，调整形成最终林分生长类型组，即提取初步分类结果的林分特征，引入指标确定聚类最佳个数，如有必要则需重新利用 TWINSPAN 法划分初始分类（图 5-2）。

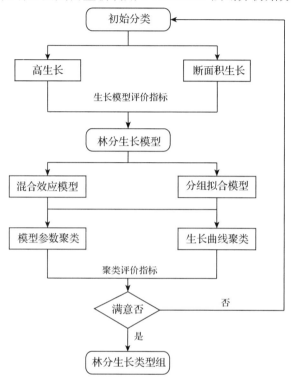

图 5-2 林分生长类型组划分流程图

以下就林分生长类型组划分的具体步骤进一步阐述。

5.3.2 林分生长过程建模

林分的生长过程包括高生长、断面积生长和蓄积生长，根据吉林省经验，在林分立地条件相似时，断面积和蓄积生长过程类似，二者选择一种可以满足实用要求。因此，主要考虑林分高生长和断面积生长过程。对初始分类采用不同模型策略可形成混合效应模型和分组拟合模型两种。

（1）混合效应模型

将初始分类作为随机因子，建立混合效应模型。林分高生长模型表达式为：

$$\begin{cases} H_i = f(\varphi_i, t_i) + \varepsilon_i \\ \varphi_i = A_i\beta + B_iu_i \\ u_i \sim N(0, \Psi) \\ i = 1, \cdots, k \end{cases} \tag{5-2}$$

断面积生长模型表达式为：

$$\begin{cases} BA_i = g(\varphi_i, t_i, SDI_i) + \varepsilon_i \\ \varphi_i = A_i\beta + B_iu_i \\ u_i \sim N(0, \varPsi) \\ i = 1, \cdots, k \end{cases} \quad (5-3)$$

式中，H_i、t_i、BA_i 和 SDI_i 分别表示第 i 类初始分类林分的平均高、平均年龄、林分断面积和林分密度指数，φ_i 为参数向量，ε_i 表示服从正态分布的组内误差，$f(\varphi_i, t_i)$ 为高生长基础模型，$g(\varphi_i, t_i, SDI_i)$ 为断面积生长基础模型，β 表示固定效应参数向量，u_i 为第 i 类初始分类产生的随机效应，假定服从期望为 0 方差 – 协方差矩阵为 $\varPsi$ 的正态分布，而 A_i、B_i 分别是 β、u_i 对应的设计矩阵，k 为初始分类的个数，ε_i 和 u_i 相互独立。

相对于具有高精度的分组拟合模型，考虑混合效应模型出于以下原因：①对数据量的要求不高，比如某些类别林分数据较少时，分组拟合参数可能不收敛，而混合效应模型会成功估计出参数；②混合效应模型适应能力强，能够快速有效处理分类变量；③实际数据表明混合效应模型拟合效果尚可，能够满足后续数据分析处理。

（2）分组拟合模型

分别初始分类建立林分高生长和断面积生长模型，称之为分组拟合模型。

林分高生长模型表达式为：

$$H_i = f_i(t_i, \theta_i) + \varepsilon_i \qquad i = 1, \cdots, k \quad (5-4)$$

断面积生长模型表达式为：

$$BA_i = g_i(t_i, \theta_i) + \varepsilon_i \qquad i = 1, \cdots, k \quad (5-5)$$

式中，H_i、t_i 和 BA_i 分别表示第 i 类初始分类林分的平均高、平均年龄和断面积，θ_i 为参数向量，表示服从正态分布的组内误差，$f_i(t_i, \theta_i)$ 为第 i 类初始分类林分高生长基础模型，$g_i(t_i, \theta_i)$ 为第 i 类初始分类林分断面积生长基础模型，k 为初始分类的个数，ε_i 相互独立。

（3）评价指标

候选模型的选择主要参考三个指标：利用全部数据进行非线性拟合时模型的决定系数（简记为 R_1^2）；利用全部数据包含初始分类随机效应因子的非线性混合效应模型的决定系数（简记为 R_2^2）；分离出初始分类的数据单独进行非线性拟合时成功的类个数（简记为 N）。

前 2 个指标用于衡量生长模型的拟合效果，其值越大模型拟合效果越高；第 3 个指标用于度量生长模型的适用性，尽量涵盖全部初始分类。

模型的决定系数计算公式为：

$$R^2 = 1 - \frac{\sum\limits_{i=1}^{k}\sum\limits_{j=1}^{n_i}(y_{ij} - \hat{y}_{ij})^2}{\sum\limits_{i=1}^{k}\sum\limits_{j=1}^{n_i}(y_{ij} - \bar{y})^2} \quad (5-6)$$

其中，y_{ij} 表示第 i 类第 j 个样地观测值，$\hat{y}_{ij}$ 表示第 i 类第 j 个样地估计值，$\bar{y}$ 表示全部样地平均值，k 为分类的个数，n_i 表示第 i 类中样地的个数。

5.3.3 基于生长曲线的聚类

林木的生长是一个动态过程，它来源于顶端和径向生长的相互作用，其中由顶端分生组织促进的顶端生长占主体，而维管形成层刺激了径向生长。林木高生长与胸径生长是一个复杂的关系，不仅由其遗传因素决定（Niklas, et al., 2007），而且也强烈依赖于林木生长条件，比如空间大小、立地质量与林分年龄等（Ilomäki, et al., 2003；Niklas, 1995；Feldpausch, et al., 2011）。因此，将林木的高生长和断面积生长处理成一个由林木树高和胸径组成的有机整体是有必要的，它们从整体上呈现出竞争和协作关系来响应外界环境变化（Fu, et al., 2017；Xu, et al., 2016）。

单独利用高生长或断面积生长模型对不同林分聚类的结果存在一些差异，这种差异来源于树种顶端生长和径向生长的不同，是两个不同角度的反映。如果仅从一方面进行聚类，势必只反映部分信息。为更好反映林木生长过程，需要综合这两部分信息将林木的高生长和断面积生长处理成一个有机整体。

利用混交林初始分类后数据分别获取高生长模型和断面积生长模型的参数，进而形成每类数据的拟合曲线。模型参数反映了曲线的不同形状，也说明了林分不同的生长过程，因此对模型参数进行聚类，参数组合相似的合并在一起，揭示了相似的林分生长过程，称之为模型参数聚类。另外一种直接考虑曲线间的差异，两条曲线间面积越大，意味着背后的数据所代表的生长过程迥异性越大。故而对曲线间距离进行聚类，称之为生长曲线聚类。

（1）模型参数聚类

如何有效综合林木的高生长和断面积生长信息才能合理聚类林分生长过程？一个有效方案是建立统一指标来对林分进行聚类。针对高生长和断面积生长模型参数，按列将参数估计值合并，并对参数估计值做变换：（估计值－平均值）/平均值，最后利用该参数对初始分类进行聚类。

模型参数聚类存在以下缺陷：①丢失了部分曲线信息；②未能反映参数间重要程度的差异。

（2）生长曲线聚类

针对模型参数聚类的不足，首先引入曲线间距，即衡量两个林分生长曲线间的差异程度，高生长曲线差异由式5－7度量。

$$d = \int_{t_1}^{t_2} |f_1(t) - f_2(t)| \mathrm{d}t \qquad (5-7)$$

其中，d 表示两个林分高生长曲线之间的绝对面积，$f_i(t)$，$i = 1,2$ 表示这两个林分高生长曲线，t 表示林分平均年龄，t_i，$i = 1,2$ 分别表示积分下上限，这里选用数据中年龄的最小值和最大值。

断面积生长曲线差异度量如式5－8所示。

$$v = \int_{s_1}^{s_2} \int_{t_1}^{t_2} |f_1(t,s) - f_2(t,s)| \mathrm{d}t \mathrm{d}s \qquad (5-8)$$

其中，v 表示两个林分断面积生长曲面之间的绝对体积，$f_i(t,s)$，$i = 1,2$ 表示这两个林分断面积生长曲面，t 表示林分平均年龄，s 表示林分密度指数，t_i，s_i，$i = 1,2$ 分别表示积分下上限，这里取数据中年龄和密度指数的最小值和最大值。

然后分别计算不同高生长曲线间绝对面积 d 和断面积生长曲面间绝对体积 v，并对 d、v 做标准化变换：（估计值 – 平均值）/ 标准差，最后对 d、v 计算算术平均形成一个新的指标，根据这个指标进行聚类。

（3）评价指标

具有相似生长过程的林分应划分为一类，不同类之间林分生长过程的差异应足够大，这正是林分生长类型组划分的内在属性，其衡量指标分为类内距离和类间距离。刻画类内之间距离的有三个指标，误差（式 5 – 9）、绝对偏差（式 5 – 10）和均方根误差（式 5 – 11），统称为类内距离，它刻画了同一林分生长类型内相似程度，标准是越小越好。

$$E = \sum_{i=1}^{k} \sum_{j=1}^{n_i} (y_{ij} - \hat{y}_{ij}) \tag{5 – 9}$$

$$|E| = \sum_{i=1}^{k} \sum_{j=1}^{n_i} |y_{ij} - \hat{y}_{ij}| \tag{5 – 10}$$

$$RMSE = \sqrt{\sum_{i=1}^{k} \sum_{j=1}^{n_i} (y_{ij} - \hat{y}_{ij})^2 / n} \tag{5 – 11}$$

其中，y_{ij} 表示第 i 类第 j 个样地观测值，$\hat{y}_{ij}$ 表示第 i 类第 j 个样地估计值，$\bar{y}$ 表示全部样地平均值，k 为分类的个数，n_i 表示第 i 类中样地的个数，n 表示全部样地个数。

类间距离刻画的是不同林分生长类型组之间的差异程度，标准是越大越好。不同林分生长类型组之间差异程度的平均值 $\bar{d}$ 或 $\bar{v}$，称为类间距离，其形式分别为：

$$\bar{d} = \frac{2}{k(k-1)} \cdot \frac{1}{t_2 - t_1} \sum_{i=1}^{k} \sum_{j=1}^{i-1} \int_{t_1}^{t_2} |f_i(t) - f_j(t)| \, \mathrm{d}t \tag{5 – 12}$$

$$\bar{v} = \frac{2}{k(k-1)} \cdot \frac{1}{t_2 - t_1} \cdot \frac{1}{s_2 - s_1} \sum_{i=1}^{k} \sum_{j=1}^{i-1} \int_{s_1}^{s_2} \int_{t_1}^{t_2} |f_i(t,s) - f_j(t,s)| \, \mathrm{d}t \mathrm{d}s \tag{5 – 13}$$

其中，$f_i(t)$，$f_i(t,s)$，$i = 1,2,\cdots,k$ 表示第 i 个林分生长类型组的高生长曲线和断面积生长曲面，t 表示林分平均年龄，s 表示林分密度指数，t_i，s_i，$i = 1,2$ 分别表示积分下上限，这里取数据中年龄和密度指数的最小值和最大值，k 表示分类的个数。

5.4　应用案例——吉林省针阔混交林林分生长类型组划分

5.4.1　数据来源

针叶树种和阔叶树种断面积的和达到该林分断面积总和的 65%，且针叶树种或阔叶树种断面积组成均未达到 65% 的林分称为针阔混交林（简记为针阔 65）。本研究采用的数据为①吉林省森林资源连续清查的 5 期（1994—2014 年）固定样地中的针阔混交林数据，调查体系为系统抽样，按 4km×8km 网格布点，调查间隔为 5 年，样地形状为正方形，其面积为 0.06hm²。②吉林省国有林业局的部分局级固定样地中的针阔混交林数据，以林业局为抽样总体，采用系统抽样法，调查间隔为 10 年，样地形状为正方形，其面积为 0.06hm²。经过筛选共有针阔混交林数据 5148 条。

5.4.2 基于 TWINSPAN 法划分针阔混交林

针阔混交林林分组成复杂，利用 TWINSPAN 分析方法对针阔混交林的 5184 个样地进行初始分类。每类最低样地个数限制为 100，假种水平设置为 5，通过 11 次划分，把 5184 个针阔混交林样地分为 12 类(图 5-3)，结合树种组成信息，归纳出 12 个初始分类林分特征：第 1 类针阔混交林，共 704 个样地，以红松、冷杉、椴树、榆树为主；第 2 类针阔混交林，共 344 个样地，以红松为主，阔叶树种主要是栎类、椴树；第 3 类针阔混交林，共 122 个样地，以云杉为主，阔叶树种主要是栎类、椴树、杨树；第 4 类针阔混交林，共 222 个样地，以冷杉为主，阔叶树种主要是白桦、杨树、椴树；第 5 类针阔混交林，共 132 个样地，以落叶松为主，阔叶树种主要是白桦、枫桦、椴树；第 6 类针阔混交林，共 99 个样地，以落叶松为主，阔叶树种主要是胡桃楸、榆树、水曲柳、黄波罗；第 7 类针阔混交林，共 1126 个样地，以云杉、冷杉为主，阔叶树种主要是椴树、榆树、枫桦、水曲柳；第 8 类针阔混交林，共 300 个样地，以冷杉、杨树、白桦为主；第 9 类针阔混交林，共 178 个样地，以云杉、白桦为主；第 10 类针阔混交林，共 336 个样地，以枫桦、云杉、冷杉为主；第 11 类针阔混交林，共 1491 个样地，以落叶松、白桦、栎类为主；第 12 类针阔混交林，共 130 个样地，阔叶树种以栎类为主，针叶树种有樟子松、赤松。

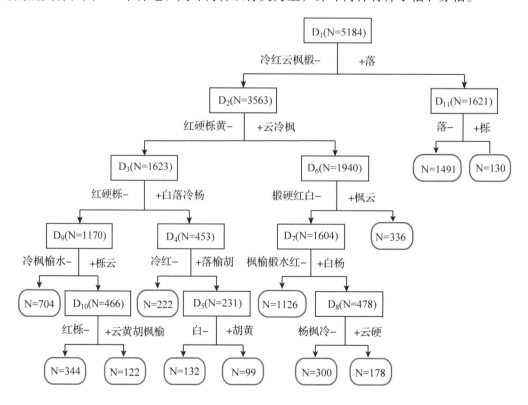

图 5-3 针阔混交林 5184 个样地 TWINSPAN 分类结果

5.4.3　针阔混交林林分平均高和断面积生长模型

（1）模型选择

拟建立针阔混交林林分高与林分平均年龄之间关系，初步选择 3 个备选模型：

$$H = a(1 - e^{-b \cdot t}) \tag{5 - 14}$$

$$H = a \cdot e^{-\frac{b}{t}} \tag{5 - 15}$$

$$H = \frac{a}{1 + be^{-c \cdot t}} \tag{5 - 16}$$

其中，H 表示林分平均高，t 表示林分平均年龄，a, b, c 为参数。

拟建立林分断面积与林分平均年龄和林分密度指数之间的二元关系，初步选择 3 个备选模型：

$$BA = a \left(1 - e^{-b \cdot \left(\frac{s}{1500} \right)^c \cdot t} \right) \tag{5 - 17}$$

$$BA = a \cdot e^{-\frac{b}{t}} \cdot \left(\frac{s}{1500} \right)^c \tag{5 - 18}$$

$$BA = a \cdot \frac{(t \cdot s)^2}{(t \cdot s + b \cdot t + c \cdot s + d)^2} \tag{5 - 19}$$

其中，BA 表示林分断面积，t 表示林分平均年龄，s 表示林分密度指数，a, b, c, d 为参数。

表 5-1　候选模型的评价指标

模型	高生长模型			模型	断面积生长模型		
	R_1^2	R_2^2	N		R_1^2	R_2^2	N
5 - 14	0.5462	0.5983	12	5 - 17	0.7497	0.8170	12
5 - 15	0.5792	0.6245	12	5 - 18	0.9655	0.9693	12
5 - 16	0.6091	0.6654	9	5 - 19	0.9589	0.9659	12

针阔 65 林分高和断面积生长的候选模型评价指标结果见表 5-1。就林分平均高生长模型来说：第一个指标 R_1^2，方程 5 - 14 至 5 - 16 逐渐增加，方程 5 - 16 效果最好；第二个指标 R_2^2，情况跟第一个指标 R_1^2 相同。综合得出在模型拟合决定系数上，方程 5 - 16 优于方程 5 - 15 和 5 - 14。但从第三个指标 N 来看，方程 5 - 16 在 12 个初始分类中仅成功 9 个，而方程 5 - 15 和 5 - 14 全部拟合成功。而针阔 65 中方程 5 - 15 的拟合决定系数仅比方程 5 - 16的低 4.91% 和 6.55%，并且最终目的是将针叶混交林初始分类进一步合并，所以需要初始分类分组拟合参数成功个数尽可能多。综合以上分析，选择方程 5 - 15 作为针叶混交林林分高生长的基础模型。

通过表 5-1 断面积生长模型可看出：不论 R_1^2 还是 R_2^2，方程 5 - 18 效果最好，其次方程 5 - 19、方程 5 - 17 效果最差；从 N 来看，12 个初始分类这三个方程都拟合成功。因此，最终选择方程 5 - 18 作为基础模型，来描述针阔混交林林分断面积生长。

（2）模型参数估计

利用针阔混交林数据拟合混合效应模型和分组拟合模型得到高生长模型各参数估计值

见表5-2。可以看出，林分高生长渐近值参数 a，混合效应模型下估计范围为[17.0，21.7]，而分组拟合模型下为[16.6，22.0]；林分高生长速率参数 b，混合效应模型下估计范围为[6.76，15.97]，而分组拟合模型下为[6.09，16.93]。分组拟合模型的参数变动范围比混合效应模型的参数要大，但这2个模型所反映的12类初始分类林分高生长趋势是一致的。

表5-2　针阔混交林高生长模型参数估计值

类别	混合效应模型		分组拟合模型	
	a	b	a	b
1	20.8302	11.1296	20.8820	11.2944
2	21.7406	15.9737	22.0204	16.9333
3	20.8796	7.2480	20.8363	6.9868
4	18.0346	6.7566	17.8010	6.0999
5	18.7369	9.6476	18.6215	9.3954
6	19.0728	9.5504	18.9681	9.3485
7	20.1936	10.7827	20.2197	10.8646
8	18.6007	9.3379	18.5165	9.1244
9	19.9115	12.0182	20.0301	12.4045
10	19.7383	8.6536	19.6953	8.4840
11	18.2473	9.0019	18.2268	8.9711
12	17.0053	9.8696	16.6410	9.1580

为更直观展示针阔混交林高生长模型，利用表5-2中参数值绘制其曲线图（图5-4）。可以看出部分曲线非常相似，如初始分类类1和类4，类5和类8，类6和类10。这些表明TWINSPAN分析方法得出的初始分类需要进一步改进。

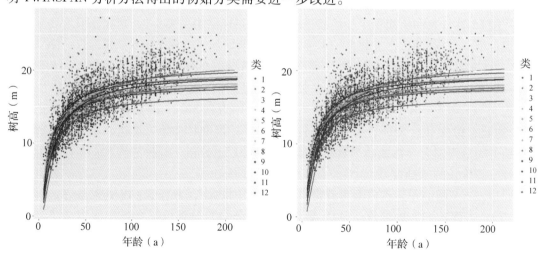

图5-4　针阔混交林初始分类高生长曲线图（左图为混合效应模型，右图为分组拟合模型）

利用针阔混交林数据拟合混合效应模型和分组拟合模型得到断面积生长模型各参数估计值见表 5-3。可以看出，混合效应模型的参数 a，b，c 的估计范围分别为 $[48.41$，$54.25]$，$[5.05，11.02]$ 和 $[0.99，1.06]$，而分组拟合模型下为 $[48.12，54.46]$，$[5.00，11.38]$ 和 $[0.96，1.08]$。分组拟合模型的参数变动范围比混合效应模型的参数要大，但这 2 个模型所反映的 12 类初始分类林分断面积生长趋势是一致的。

表 5-3　针阔混交林林分断面积生长模型参数估计值

类别	混合效应模型			分组拟合模型		
	a	b	c	a	b	c
1	54.1766	9.5376	1.0362	54.3393	9.7026	1.0380
2	54.2514	11.0223	1.0105	54.4629	11.3803	1.0087
3	53.6905	5.7914	1.0624	53.8972	5.5263	1.0824
4	49.0734	5.3693	1.0418	48.9510	5.1028	1.0485
5	49.9769	6.4570	1.0400	50.1199	6.1012	1.0597
6	49.3856	5.6851	1.0172	48.5403	5.2918	1.0052
7	52.7695	9.4445	0.9993	52.8434	9.6062	0.9975
8	48.4051	5.4802	1.0257	48.1202	5.1759	1.0259
9	50.7092	7.3693	1.0086	50.5643	7.4171	1.0019
10	52.1955	8.3056	0.9928	52.2525	8.6521	0.9857
11	49.2653	5.0460	1.0355	49.2363	4.9954	1.0369
12	49.0517	7.6012	0.9889	48.5716	7.8962	0.9579

5.4.4　基于生长曲线的针阔混交林聚类

包括混合效应模型参数聚类和分组拟合模型参数聚类及生长曲线聚类情形。

（1）混合效应模型聚类

综合针阔混交林高生长和断面积生长混合效应模型的参数，其平均值法聚类结果如图 5-5 所示。可以看出，模型参数聚类的结果与生长曲线聚类有较大区别，前者偏向于将红松与栎类、椴树混交林分分离出来，而后者是云杉冷杉与栎类、椴树混交林分分离出来。

（2）分组拟合模型聚类

综合针阔混交林高生长和断面积生长分组拟合模型的参数，其平均值法聚类结果如图 5-6 所示。可以看出，分组拟合模型聚类的结果类似于混合效应模型聚类，对应聚类树形图分类结果基本一致，从图形上判断分为 3 到 4 类比较合理。

5.4.5　最终林分生长类型组的确定

（1）针阔混交林划分 3 个生长类型组

为了比较图 5-5 和图 5-6 中四种聚类结果好坏，R 中 Nbculster 程序推荐最佳分类 3 个，根据 5.3.3 节中的聚类评价指标，其聚类成 3 类的结果见表 5-4。可以看出，分组拟合模

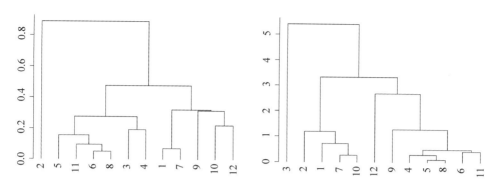

图 5-5 混合效应模型参数的平均值法聚类(左图模型参数聚类，右图生长曲线聚类)

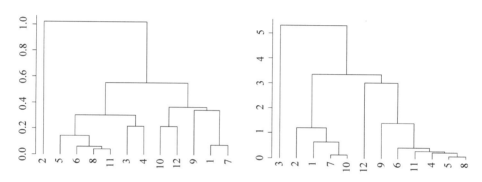

图 5-6 分组拟合模型参数的平均值法聚类(左图模型参数聚类，右图生长曲线聚类)

型的曲线聚类方法与参数聚类方法效果最好，类内距离 $RMSE$ 最小，而类间距离 $\bar{d}$ 或 $\bar{v}$ 最大。

表 5-4 针阔混交林初始分类 12 个时聚类 3 类评价指标

聚类	高生长方程				断面积生长方程			
	E	$|E|$	$RMSE$	$\bar{d}$	E	$|E|$	$RMSE$	$\bar{v}$
S1	0.0124	1.6218	2.0973	0.9429	0.0252	1.3186	1.8249	1.0358
S2	0.0104	1.5978	2.0547	1.8266	0.0152	1.2962	1.7932	1.5833
S3	0.0124	1.6218	2.0973	0.9429	0.0252	1.3186	1.8249	1.0358
S4	0.0104	1.5978	2.0547	1.8266	0.0152	1.2962	1.7932	1.5833

其中，S1 表示混合效应模型下模型参数聚类；S2 表示混合效应模型下生长曲线聚类；S3 表示分组拟合模型下模型参数聚类；S4 表示分组拟合模型下生长曲线聚类。

针阔混交林的 S4 分类结果的林分特征见表 5-5。

表 5-5　针阔混交林 S4 分类结果的林分特征

分类	数量	第1位组成树种		第2位组成树种					
		树种	样地个数	树种	样地个数	树种	样地个数	树种	样地个数
类1	2510	红松	720	椴树	138	硬阔	127	栎类	83
		冷杉	509	椴树	174	枫桦	95	云杉	59
		云杉	482	枫桦	149	椴树	79	冷杉	64
类2	122	云杉	87	椴树	20	红松	14	软阔	12
		红松	19	云杉	6	胡桃楸	4	栎类	3
		椴树	5	云杉	4	红松	1	—	—
类3	2552	落叶松	1271	白桦	492	栎类	153	胡桃楸	118
		白桦	332	落叶松	195	冷杉	60	云杉	48
		冷杉	267	椴树	62	白桦	54	杨树	38

显然，分类结果并未涵盖一些重要针阔混交林森林类型，并且其中第 2 类型个数仅有 122 个，各类型分布不合理。故调整初始分类，针阔 65 初始分类为 6 类的 S4 分类结果的林分特征见表 5-6。

表 5-6　针阔 65 初始分类 6 个 S4 分类结果的林分特征

分类	数量	第1位组成树种		第2位组成树种					
		树种	样地个数	树种	样地个数	树种	样地个数	树种	样地个数
类1	1170	红松	686	椴树	132	硬阔	127	栎类	86
		云杉	150	椴树	24	栎类	23	红松	21
		冷杉	85	椴树	24	红松	23	硬阔	14
		椴树	80	红松	44	冷杉	20	云杉	11
类2	2074	落叶松	1262	白桦	490	栎类	153	胡桃楸	118
		白桦	255	落叶松	190	冷杉	21	云杉	21
		栎类	115	落叶松	59	樟子松	26	红松	13
		樟子松	71	栎类	28	杨树	15	白桦	9
类3	1940	冷杉	604	椴树	179	枫桦	108	云杉	77
		云杉	547	枫桦	157	椴树	88	冷杉	69
		枫桦	295	云杉	155	冷杉	115	红松	16
		椴树	163	冷杉	80	云杉	38	红松	28

对照表 5-5 和表 5-6，得出这两类最终分类的区别主要体现在云杉和冷杉上。初始分类个数 12 时，由于 TWINSPAN 法分得较细，云杉冷杉与不同树种的搭配形成了不同类，表现在第 1 类，云冷杉与枫桦、椴树组合；第 2 类，云冷杉与栎类、红松组合；第 3 类，云冷杉与白桦、杨树组合。初始分类个数 6 时，云冷杉为主的林分分成了 2 部分，第 1 类是云冷杉与栎类、红松的组合；第 3 类是云冷杉与椴树、枫桦、白桦、杨树的组合。

初始分类个数为 6 类的聚类结果显得更为合理，各组间数据分布更平均，与林学知识和生产实践吻合。结合林分生长信息，分类为 3 类比较合理，各类间高生长和断面积生长曲线有明显的区别(图 5-7)。进一步提炼出针阔混交林 3 类的林分特征：第 1 类，红松阔叶林，以红松为主体，伴随阔叶树种椴树、栎类等；第 2 类，落叶松为主体，混杂着樟子松、白桦、栎类等；第 3 类，针叶树种以冷杉和云杉为主体，伴随着枫桦、椴树，阔叶树种以枫桦和椴树为主体，混生着冷杉、云杉、红松。

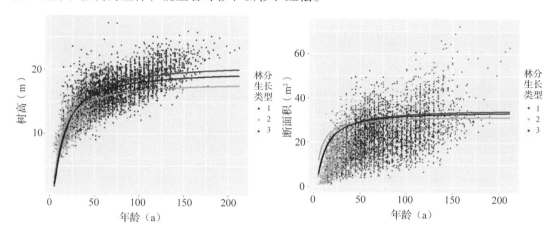

图 5-7　针阔混交林 3 类林分生长类型组曲线图（左图为林分高生长曲线，右图为林分断面积生长曲线）

（2）针阔混交林 3 个生长类型组间数量化差异

划分成 3 类的林分生长类型组的林分生长过程差异可数量化表示。这 3 类林分生长类型组的林分高生长方程依次为：

$$H_1 = 21.2453 \cdot e^{-\frac{12.5642}{t}} \qquad (5-20)$$

$$H_2 = 18.2485 \cdot e^{-\frac{9.0062}{t}} \qquad (5-21)$$

$$H_3 = 20.0927 \cdot e^{-\frac{11.0726}{t}} \qquad (5-22)$$

这 3 类林分生长类型组在 10 年到 150 年之间高年生长量平均差距为 1.1m，第 1 类与第 2 类、第 1 类与第 3 类、第 2 类与第 3 类之间分别差 1.6m、0.6m 和 1.0m。相应高年生长量差距的范围及其所处年龄见表 5-7。

表 5-7　针阔混交林分类 3 类时林分高生长曲线的差异

	d_0(m)	T_0(a)	d_{12}(m)	T_{12}(a)	d_{13}(m)	T_{13}(a)	d_{23}(m)	T_{23}(a)
平均值	1.1	—	1.6	—	0.6	—	1.0	—
最大值	1.6	150	2.4	150	0.9	150	1.5	150
最小值	0.1	23	0.0	23	0.0	27	0.0	21

注：d_0 表示 3 类曲线间距离（参见式 5-12），d_{ij} 表示第 i 类与第 j 类曲线间距离（参见式 5-7），T_0、T_{12}、T_{13}、T_{23} 表示对应的年龄。

这 3 类林分生长类型组的断面积生长方程依次为：

$$BA_1 = 54.2068 \cdot e^{-\frac{9.6052}{t}} \cdot \left(\frac{s}{1500}\right)^{1.0330} \qquad (5-23)$$

$$BA_2 = 48.6654 \cdot e^{-\frac{5.0328}{t}} \cdot \left(\frac{s}{1500}\right)^{1.0267} \qquad (5-24)$$

$$BA_3 = 51.8680 \cdot e^{-\frac{8.7054}{t}} \cdot \left(\frac{s}{1500}\right)^{0.9952} \tag{5-25}$$

这 3 类林分生长类型组在 10 年到 150 年之间断面积年生长量差距为 $1.03\,\mathrm{m^2/hm^2}$，第 1 类与第 2 类、第 1 类与第 3 类、第 2 类与第 3 类之间分别差 $1.48\,\mathrm{m^2/hm^2}$、$0.51\,\mathrm{m^2/hm^2}$ 和 $1.11\,\mathrm{m^2/hm^2}$。根据实际所需，限制密度指数 s 取 1000，相应断面积年生长量差距的范围及其所处年龄见表 5-8。

表 5-8　针阔混交林分类 3 类时断面积生长曲线的差异（$S = 1000$，$\mathrm{m^2/hm^2}$）

	v_0	$T_0(a)$	v_{12}	$T_{12}(a)$	v_{13}	$T_{13}(a)$	v_{23}	$T_{23}(a)$
平均值	1.17	—	1.74	—	0.51	—	1.26	—
最大值	1.61	150	2.41	150	0.75	150	1.66	150
最小值	0.17	43	0.00	43	0.00	31	0.00	48

注：v_0 表示 3 类曲线间距离（参见式 $5-13$），v_{ij} 表示第 i 类与第 j 类曲线间距离（参见式 $5-8$），T_0、T_{12}、T_{13}、T_{23} 表示对应的年龄。

吉林省针阔混交林主要的森林类型有阔叶红松林、落叶松阔叶林和云冷杉阔叶林。红松阔叶林是以红松为优势的针阔混交林，伴生树种有紫椴（*Tilia amurensis*）、糠椴（*Tilia mandshurica*）、色木槭（*Acer mono*）、水曲柳等，在阔叶红松林被破坏后，通常演变为次生林，主要树种有蒙古栎、椴树、胡桃楸、白桦等。落叶松阔叶林多为次生林，林分结构简单，伴生树种有白桦、杨树、栎类、胡桃楸等。云冷杉阔叶林典型的有枫桦云冷杉林、椴树云冷杉林等（倪瑞强，2014；李文华，2011）。可见该林分生长类型组正好区分出了这 3 类森林类型。通过针阔混交林各组生长过程差异的数量化，进一步丰富了对针阔混交森林类型生长规律的认识。

5.5　结果与讨论

对于面向立地质量评价的混交林分类，目前没有统一的方法。本节提出了基于 TWIN-SPAN 和林分生长过程的林分生长类型组划分的方法，可初步满足利用潜在生产力评价立地质量的假设。该方法还存在一些问题，需要在下一步的研究中改进和完善，尤其需要考虑立地类型和林分类型相结合下的林分生长类型划分。就本文的林分生长类型组划分法三个方面可进一步分析：①初始分类的影响，初始分类是最基本的分割单元，它划分的细致程度直接决定最终分类好坏。本研究仅考虑样地树种组成的 TWINSPAN 法划分初始分类，如何再结合样地的立地类型是亟待解决的问题；②聚类方法的影响，这是本研究的核心问题，本方法聚类度量采用曲线间距离，并未考虑样本的影响，这样使得样本较少的生长曲线更易分离出来，极大依赖于初始分类；③分类个数的影响，虽然本研究提出了类内和类间距离等指标作为辅助判断，但这些指标之间存在最优不一致情况，且类间距离与样本没有关系，无法证明类间差异在统计上的显著性。

第6章

林分现实和潜在生产力预估方法

　　林分生产力包括现实生产力（realized productivity）和潜在生产力（potential productivity）。潜在生产力是森林群落在一定的立地条件下达到的最大生产力；实际达到的生产力即现实生产力。理论上现实生产力要低于或接近潜在生产力。但对于潜在生产力，林业上并没有统一的计算方法。林分断面积和蓄积生长量是森林立地质量评价的重要指标之一。本章首先提出面向立地质量评价的林分生长收获预估模型构建方法，在此基础上提出林分现实和潜在生产力的概念、理论推导和计算方法。最后利用吉林省汪清林业局栎类林作为案例对本章所提出的林分现实和潜在生产力预估方法进行应用。

6.1　面向立地质量评价的林分生长收获模型研建

　　第2章提出了基于林分潜在生长量的立地质量评价方法。其中，生长模型的构建是该方法的一项核心内容，模型构建好坏直接影响该方法的评价效果和精度。该方法涉及的林分生长模型包括林分高、断面积和蓄积生长模型，由于潜在生长量为某一密度对应的最大生长量，要求断面积或蓄积连年生长量与林分密度指数呈非单调函数，并且模型参数需要有一定的生物学意义，因此对模型选型有了更高的要求。

　　除此之外，为提高该方法的实用性，须反映不同立地等级或不同生长类型组生产力的差异，即需要对模型中部分或全部参数按照立地等级或生长类型组（分类变量）进行参数化。传统的最小二乘法（相应的主流统计软件 SAS 和 R）可以通过构造相应的设计矩阵进行估计，然而这种方法仅局限于分类变量含有较少的等级，如果分类变量含有较多的等级或者考虑不同分类变量之间的交互效应，该参数估计方法很难满足实际应用。为此，本章将在现有的最小二乘法基础上，提出了含哑变量的最小二乘法。

　　综合上述，本书提出的立地质量评价方法中的林分生长收获预估模型的构建需要重点解决以下几个问题：①给出一个判断断面积或蓄积连年生长量与林分密度是否为单调函数的通用评价方法；②在现有的最小二乘法基础上推导出一种能计算模型中含有任意维数哑变量的通用参数估计方法。

6.1.1　模型选型标准

为满足本研究所提出的立地质量评价方法，断面积或蓄积生长模型必须满足以下两个条件：①模型必须含有显现或隐现的林分平均年龄信息，否则将无法计算断面积或蓄积连年生长量；②所选择的模型必须满足断面积或蓄积连年生长量与林分密度指数呈非单调函数关系。以下将按显式和隐式情形分别给出断面积生长模型的选择标准。蓄积生长模型判别标准与断面积生长模型相似，此处不再阐述。

（1）显式情形

林分断面积生长模型中直接含有年龄情形。假如林分断面积 G 与林分优势高 H、林分密度指数 S 以及林分平均年龄 T 存在线性或非线性函数关系 $G = f_G(H,S,T,X,\Phi_G)$，其中，Φ_G 为断面积生长模型参数向量，X 为与 T 没有关系的任意变量，H 与 T 存在一定的函数关系 $H = f_H(T)$。在 T_0 和 $T_1 = T_0 + 1$ 时对应的林分断面积分别为：

$$G_0 = f_G(H_0,S_0,T_0,X,\hat{\Phi}_G) \tag{6-1}$$

$$G_1 = f_G(H_1,S_1,T_1,X,\hat{\Phi}_G) \tag{6-2}$$

其中，$\hat{\Phi}_G$ 为林分断面积生长模型参数估计值向量，由于 $T_1 = T_0 + 1$，树高 $H_1 = f_H(T_1,\hat{\Phi}_H)$，$\hat{\Phi}_H$ 为树高方程参数估计值向量，则方程 6-2 可以写为

$$G_1 = f_G(H_1 = f_H(T_0 + 1),S_1,T_0 + 1,X,\hat{\Phi}_G)$$

则林分断面积连年生长量为：

$$GI = G_1 - G_0 = f_G(H_1 = f_H(T_0 + 1,\hat{\Phi}_H),S_1,T_0 + 1,X,\hat{\Phi}_G) - f_G(H_0,S_0,T_0,X,\hat{\Phi}_G) \tag{6-3}$$

由于 G 和 S 满足以下等式

$$\begin{cases} G = \pi D^2 N/40000 \\ S = N(D/20)^\beta = N(D/20)^{1.605} \end{cases} \tag{6-4}$$

并且本研究中是假定林分为等株生长，即林分初始株数和 1 年以后的株数相同，即 $N_1 = N_0$，因此容易得到：

$$S_1 = 40000G_0 (D_1/20)^\beta / [\pi (40000G_0/(\pi S_0 (20)^\beta))^{400/79}] \tag{6-5}$$

把方程 6-5 带入方程 6-3 得到断面积连年生长量 GI 与 S_0 的函数关系 $f_{GI}(S_0)$：

$$GI = f_{GI}(S_0) = f_G(f_H(T_0 + 1,\hat{\Phi}_H),40000G_0 (D_1/20)^\beta / [\pi (40000G_0/(\pi S_0 (20)^\beta))^{400/79}],$$
$$T_0 + 1,X,\hat{\Phi}_G) - f_G(H_0,S_0,T_0,X,\hat{\Phi}_G) \tag{6-6}$$

其中，D_1 由下列方程计算得到：

$$D_1 = \arg f_G(f_H(T_0 + 1,\hat{\Phi}_H),40000G_0 (D_1/20)^\beta / [\pi (40000G_0/(\pi S_0 (20)^\beta))^{400/79}],$$
$$T_0 + 1,X,\hat{\Phi}_G) - \pi D_1^2 G_0 [\pi (40000G_0/(\pi S_0 (20)^\beta))^{400/79}] = 0 \tag{6-7}$$

因此所选择的断面积模型 $f_G(H,S,T,X,\Phi_G)$ 需满足方程 6-6 在给定的 S 可行域中林分断面积连年生长量与 S 为非单调函数。

（2）隐式情形

断面积模型中不直接含有年龄，但林分高生长方程中含有年龄的情形。假如林分断面积 G 与林分优势高 H 以及林分密度指数 S 存在线性或非线性函数关系 $G = f_G(H, S, X, \Phi_G)$，其中 X 为与 T 没有关系的任意变量，H 与 T 存在一定的函数关系 $H = f_H(T, \Phi_H)$。在 T_0 和 $T_0 + 1$ 时对应的断面积分别为：

$$G_0 = f_G(H_0(T_0), S_0, X, \hat{\Phi}_G) \tag{6-8}$$

$$G_1 = f_G(H_1(T_1), S_1, X, \hat{\Phi}_G) \tag{6-9}$$

由于 $T_1 = T_0 + 1$，$H_1 = f_H(T_1, \hat{\Phi}_H)$，方程 6-9 可以写为

$$G_1 = f_G(H_1 = f_H(T_0 + 1, \hat{\Phi}_H), S_1, X, \hat{\Phi}_G)$$

则林分断面积连年生长量为：

$$GI = G_1 - G_0 = f_G(H_1 = f_H(T_0 + 1, \hat{\Phi}_H), S_1, X, \hat{\Phi}_G) - f_G(H_0, S_0, X, \hat{\Phi}_G) \tag{6-10}$$

同样由于 G 和 S 满足方程 6-4 并且假定林分为等株生长，因此 S_1 由方程 6-5 计算得到。把方程 6-5 带入方程 6-10 得到林分断面积连年生长量 GI 与 S_0 的函数关系 $f_{GI}(S_0)$：

$$GI = f_{GI}(S_0) = f_G(f_H(T_0 + 1, \hat{\Phi}_H), 40000G_0(D_1/20)^\beta/[\pi(40000G_0/(\pi S_0(20)^\beta))^{400/79}],$$
$$X, \hat{\Phi}_H) - f_G(H_0, S_0, X, \hat{\Phi}_G) \tag{6-11}$$

其中，D_1 由下列方程计算得到：

$$D_1 = \arg f_G(f_H(T_0 + 1, \hat{\Phi}_H), 40000G_0(D_1/20)^\beta/[\pi(40000G_0/(\pi S_0(20)^\beta))^{400/79}], X, \hat{\Phi}_G) -$$
$$\pi D_1^2 G_0[\pi(40000G_0/(\pi S_0(20)^\beta))^{400/79}] = 0 \tag{6-12}$$

因此所选择的断面积模型 $f_G(H, S, X, \hat{\Phi}_G)$ 需满足方程 6-11 在给定的 S 可行域中林分断面积连年生长量与 S 为非单调函数。

6.1.2　模型按照立地等级或生长类型组参数化

在进行森林立地质量评价时，除对不同立地类型其生产力整体掌握之外，为了更好地服务于森林经营与管理，还需对同一立地类型（通常为了更能准确地评价立地质量，先按照立地和环境因子并结合林分优势高数据对树高生长进行分级，并得到树高生长曲线簇，用 group 表示，详见第 4 章）不同生长类型组其生产力进行分析与评价。因此需要对模型中部分或全部参数按照分类变量（例如立地等级或生长类型组）进行数量化。以林分断面积生长模型 $G = f_G(H, S, T, X, \Phi)$ 为例，假如基础模型中含有 3 个参数 $\Phi = [\varphi_1, \varphi_2, \varphi_3]^T$（$T$ 为转置符号，下同），分类变量有立地等级 group，假定含有 3 个等级，分别用 group = 1、group = 2 和 group = 3 表示；生长类型组 sp，假定含有两类，分别用 sp = 1 和 sp = 2 表示。

类型 I，模型不考虑数量化。此时对于 group 和 sp 的所有等级，Φ 恒取一个值，该类型反映 group 和 sp 所有等级的平均情况，参数向量 Φ 写为：

$$\Phi = \begin{pmatrix} \varphi_1 \\ \varphi_2 \\ \varphi_3 \end{pmatrix} = \begin{pmatrix} 1 & 0 & 0 \\ 0 & 1 & 0 \\ 0 & 0 & 1 \end{pmatrix} \begin{pmatrix} \beta_1 \\ \beta_2 \\ \beta_3 \end{pmatrix} = A\beta \tag{6-13}$$

其中，A 为设计矩阵，$\beta = (\beta_1, \beta_2, \beta_3)$ 为固定效应参数。

类型 Ⅱ，模型再参数化。当模型同时考虑 group 和 sp 对林分断面积影响时，并且假定参数 φ_1 与立地等级有关，参数 φ_2 与生长类型组有关，φ_3 不受分类变量的影响。因此 φ_1 对应有三个分量 $\varphi_1 = (\beta_1^{group=1}, \beta_1^{group=2}, \beta_1^{group=3})$，其中 $\beta_1^{group=1}$、$\beta_1^{group=2}$ 和 $\beta_1^{group=3}$ 分别表示参数 φ_1 在 group = 1、group = 2 和 group = 3 上的取值。φ_2 对应有二个分量 $\varphi_2 = (\beta_2^{sp=1}, \beta_2^{sp=2})$，其中 $\beta_2^{sp=1}$ 和 $\beta_2^{sp=2}$ 分别表示参数 φ_2 在 $sp = 1$ 和 $sp = 2$ 上的取值。φ_3 不受其它因子的影响，在整个计算中 β_3 恒取一个值。此时，A 的构造与 group 和 sp 的等级有关，共有 6 种不同构造。以 group = 3，$sp = 1$ 为例，参数向量 Φ 表示为：

$$
\Phi = \begin{pmatrix} \varphi_1 \\ \varphi_2 \\ \varphi_3 \end{pmatrix} = \begin{pmatrix} 0 & 0 & 1 & 0 & 0 & 0 \\ 0 & 0 & 0 & 1 & 0 & 0 \\ 0 & 0 & 0 & 0 & 0 & 1 \end{pmatrix} (\beta_1^{group=1}, \beta_1^{group=2}, \beta_1^{group=3}, \beta_2^{sp=1}, \beta_2^{sp=2}, \beta_3)^T
$$

$$
= A\beta = \begin{pmatrix} \beta_1^{group=3} \\ \beta_2^{sp=1} \\ \beta_3 \end{pmatrix} \tag{6-14}
$$

类型 Ⅱ 能有效解决不同立地等级和不同生长类型组之间断面积或蓄积相容性问题，为定量评价不同立地等级下不同生长类型组其断面积或蓄积生产力大小提供了可行途径。

实际应用中由于模型通常含有较多的参数，对不同参数进行参数化其计算结果和精度可能存在较大差异，常用的确定方法有：

① 经验判断法，即按照模型中各参数的生物学意义进行参数化；

② 指标评价法，即利用评价指标对模型中各种可能的参数化情形进行比较和评价。

最终确定一种最优的情形。常用的评价指标有决定系数 R^2（越接近 1 越好）、Akaike information criterion（AIC）（越小越好）以及对数似然函数值（LogLik）（越大越好）等。R^2 和 AIC 的计算见公式 6 – 15 和公式 6 – 16。

$$
R^2 = 1 - \frac{\sum_{i=1}^{n} (G_i - \hat{G}_i)^2}{\sum_{i=1}^{n} (G_i - \bar{G})^2} \tag{6-15}
$$

$$
AIC = -2\text{LogLik} + 2p \tag{6-16}
$$

其中，n 为观测总数，p 为模型的参数个数，G_i 和 $\hat{G}_i$ 分别为第 i 个样地断面积实测值和拟合值，$\bar{G}$ 为样地平均断面积。

在对含有哑变量模型的参数进行估计时，当前的主流统计软件 SAS 和 R 只能根据分类变量等级数构造相应的设计矩阵，然后利用最小二乘法进行参数估计。因此现有方法具有很大的局限性，为了解决该问题，本研究提出了一种改进的最小二乘法，该方法不仅适用于本书所提出的立地质量评价中模型参数估计，对于该类型的模型都适用。

6.1.3　模型参数估计

选用改进的最小二乘法求解模型参数。假定原模型形式为：

$$
y = f(x, \Phi) + \varepsilon
$$

当 Φ 中某个参数 Φ_i 按变量 L 分级时，如果 L 为分类变量并且有 n_L 个等级，Φ_i 将变为：

$$\tilde{\Phi}_i = \Phi_i^{L=1}X^{L=1} + \cdots \Phi_i^{L=l}X^{L=l} + \cdots + \Phi_i^{L=n_L}X^{L=n_L}$$

其中，$X^{L=l}$ 为等级数为 l 时所对应的设计矩阵，相应的参数为 $\Phi_i^{L=l}$。此时，对于每个观测点，如果 L 的取值为等级数 l 时，$X^{L=l}$ 相应的元素为 1，否则为 0。

如果 L 为连续变量时，Φ_i 将变为

$$\tilde{\Phi}_i = \Phi_i L$$

因此原模型变为以下形式：

$$y = f(x, \tilde{\Phi}) + \varepsilon \tag{6-17}$$

应用最小二乘法求解模型参数，详细的估算方法见唐守正等(2015)。

6.1.4 模型评价

把实验数据分为两部分，其中 70% 用于建模和 30% 用于检验。利用决定系数（R^2）、平均残差（$\bar{e}$）、残差方差（σ^2）和均方根误差（$RMSE$）等指标对模型进行评价，最终确定一个最优的断面积或蓄积生长模型用于立地质量评价。$\bar{e}$、σ^2 和 $RMSE$ 的计算见公式 6–18 至公式 6–20。

$$\bar{e} = \sum_{i=1}^{n}(G_i - \hat{G}_i)/n \tag{6-18}$$

$$\sigma^2 = \sum_{i=1}^{n}(G_i - \hat{G}_i - \bar{e})^2/(n-1) \tag{6-19}$$

$$RMSE = \sqrt{\bar{e}^2 + \frac{n-1}{n}\sigma^2} \tag{6-20}$$

6.1.5 实例分析

6.1.5.1 实验数据

以吉林省栎类纯林作为对象，分别于 1994 年、1999 年，2004 年和 2009 年对各样地连续观测 4 次，共计 2718 个观测点，林分因子统计量如表 6-1 所示。通过海拔、坡度、坡向、坡位、土壤厚度、土壤类型和腐殖质层 7 个立地因子把所有样地划分为 10 个立地等级，分别用 $group = 1, \cdots, 10$ 表示。对于显现情形，所选用的 2 个候选断面积基础模型分别为：

$$G = \beta_1 H^{\beta_2}(S/10000)^{\beta_3}[1 - \exp(-\beta_4 T)] \tag{6-21}$$

$$G = \beta_1[1 - \exp(-\beta_2(S/10000)^{\beta_3}T)]^{\beta_4} \tag{6-22}$$

其中，β_1、β_2、β_3 和 β_4 分别为模型参数，模型 6–21 为 Schumacher 函数，模型 6–22 为唐守正等(1991)提出的全林整体模型中的断面积模型（Richards 形式）。模型 6–21 和模型 6–22 是林业上较为代表性的林分断面积生长模型，其模型都具有较好的生物学意义。

把模型 6–21 和模型 6–22 中的林分年龄 T 剔除即为隐性情形，基础模型表达式分别为：

$$G = \beta_1 H^{\beta_2}(S/10000)^{\beta_3} \tag{6-23}$$

$$G = \beta_1[1 - \exp(-\beta_2(S/10000)^{\beta_3})]^{\beta_4} \tag{6-24}$$

表 6-1　建模数据和检验数据因子统计表

指标	建模数据					检验数据				
	株数	最大值	最小值	平均值	标准差	株数	最大值	最小值	平均值	标准差
G	1812	61.19	0.21	20.78	10.62	906	47.85	0.26	21.05	9.64
V		487.55	0.70	124.91	76.94		363.33	0.97	121.33	63.30
H		21.50	5.04	13.63	2.86		18.34	5.65	13.27	2.37
S		1857.97	10.49	727.79	329.64		1476.10	13.16	738.14	304.82
T		169	6	60	30		160	8	57	27

注：G 为林分断面积(m^2/hm^2)，V 为林分蓄积量(m^3/hm^2)，H 为林分优势高(m)，S 为林分密度指数(株/hm^2)，T 为林分年龄(a)

6.1.5.2　基础模型单调性检验

断面积连年生长量的计算依赖于不同林分年龄阶段的优势树高，因此须构建与年龄 T 有关系的树高方程 $H = f_H(T, \Phi_H)$。本研究选用 Richard 公式

$$H = \beta_1 \left[1 - \exp(-\beta_2 T) \right]^{\beta_3} + \varepsilon \tag{6-25}$$

其中，β_1，β_2 和 β_3 为方程参数。

假定 $S \in [30, 2000]$，分别对幼龄林（$T = 20$）、中龄林（$T = 50$）和成熟林（$T = 80$）进行分析。模型 6-21 至模型 6-25 不需考虑立地等级。本研究为了更清楚地描述不同立地等级下断面积连年生长量与 S 的关系，将对各基础模型中的参数 β_1 按立地等级进行分级。利用全部实验数据(2718 个观测点)计算各模型参数估计值。对于显现情形，利用公式 6-6 分别计算模型 6-21 和模型 6-22 在 $T = 20, 50, 80$ 时不同 S 所对应的断面积生长量 GI，散点分布如图 6-1 所示。

由图 6-1 可知，$T = 20$，50，80，以及 T 所对应的各种立地等级 $group = 1, \cdots, 10$，由模型 6-21 所计算得到的断面积连年生长量 GI 与林分密度 S 呈单调递增关系，并且这种递增关系呈直线趋势。由模型 6-22 所计算得到的断面积连年生长量 GI 与林分密度 S 呈非单调函数关系，在可行域 $S \in [30, 2000]$ 上呈单峰分布，因此满足 6.1.1 节中关于天然林立地质量评价方法中断面积模型要求。为此本研究选用模型 6-22 用于构建不同立地等级断面积生长模型的基础模型。对于隐现情形，模型 6-23 和模型 6-24 表现的规律分别与模型 6-21 和模型 6-22 完全相似，即模型 6-23 对应的 GI 与 S 呈单调递增关系，而模型 6-24 对应的 GI 与 S 呈非单调单峰曲线关系。此处不再给出这两个模型的散点分布图。

6.1.5.3　模型参数化

对于不同的立地等级 $group$ 栎类断面积生长可能差异较大，本实例将基于 $group$ 对模型(6-22)进行参数化。当 $group$ 作用在参数 β_1 上时，模型(6-22)对应的 R^2 最大，AIC 最小。其模型表达式如下：

$$G_{ij} = \beta_{1i} \left[1 - \exp(-\beta_2 (S_{ij}/10000)^{\beta_3} T_{ij}) \right]^{\beta_4} + \varepsilon_{ij} \tag{6-26}$$

其中，G_{ij}、S_{ij} 和 T_{ij} 分别为第 i 个立地等级第 j 个样地对应的断面积(m^2)、林分密度指数和林分平均年龄(a)；β_{1i} 为 β_1 在第 i 个立地等级上的取值；ε_{ij} 为误差项。同样当 $group$ 作用在

参数 β_1 上，模型（6-24）评价指标最好。其模型表达式及参数估计方法与模型（6-22）完全相类似，因此本研究不再详细给出（以下类同）。

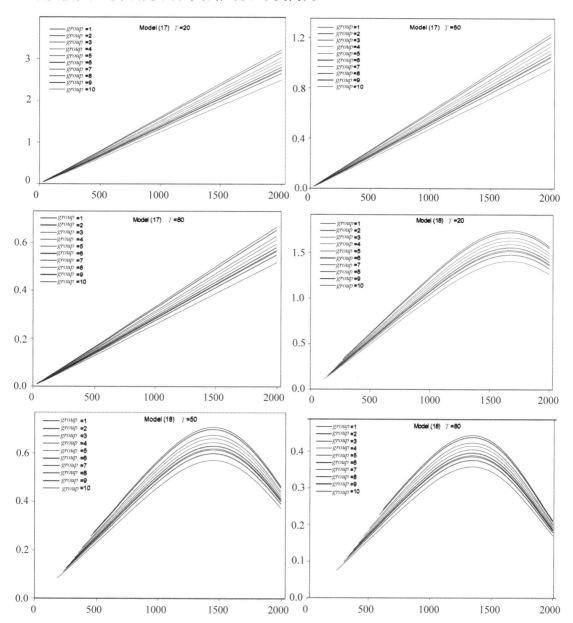

图6-1 模型 6-21 和模型 6-22 在林分平均年龄 T =20，50，80 时不同林分密度指数 S 所对应的断面积生长量 GI 散点分布，其中 *group* 表示立地等级

（注：各小图横坐标为林分密度指数 S，株/hm^2；纵坐标为断面积生长量 GI，m^2/hm^2）

6.1.5.4 模型评价

利用模型 6-26 对建模数据和检验数据进行拟合和预测。模型评价指标见表6-3。从表6-3 中得知，不管是建模数据还是检验数据，模型 6-26 的平均残差都显著地等于 0

（$p < 0.0001$，$\alpha = 0.05$），表明模型具有较高的预测精度。其中对于建模数据，模型 6 – 26 估计出的断面积普遍比实际观测值要大，而对于检验数据，估计值普遍要小于实际观测值。对于建模数据，$RMSE = 1.75$，$R^2 = 0.98$，对于检验数据，$RMSE = 1.33$，进一步表明模型 6 – 26 具有非常高的拟合和预测精度。

表 6-3　模型 6 – 26 的评价指标

建模数据				检验数据		
$\bar{e}$	σ^2	$RMSE$	R^2	$\bar{e}$	σ^2	$RMSE$
– 0.6671	1.6168	1.7490	0.9793	0.3575	1.2832	1.3320

其中：$\bar{e}$ 为平均残差；σ^2 为残差方差；$RMSE$ 为均方误差。

利用模型 6 – 26 进行立地质量评价时，为了充分利用数据信息，通常把原始数据对模型再一次拟合求解其参数。本研究利用 2718 个观测点对模型重新计算，得到模型参数估计值见表6-4。利用模型 6 – 26 并结合表6-4 中的参数估计值就可以为吉林省立地质量评价中的潜在生产力计算提供初始条件。

表 6-4　模型 6 – 26 的参数估计值

参数	估计值
$\beta_1^{group=1}$	550.4339
$\beta_1^{group=2}$	513.5482
$\beta_1^{group=3}$	518.3102
$\beta_1^{group=4}$	508.0956
$\beta_1^{group=5}$	500.8613
$\beta_1^{group=6}$	496.2296
$\beta_1^{group=7}$	490.3377
$\beta_1^{group=8}$	474.5824
$\beta_1^{group=9}$	457.9913
$\beta_1^{group=10}$	434.5410
$\beta_2^{sp=1}$	0.0007
$\beta_2^{sp=2}$	0.0005
β_3	5.5025
β_4	0.1802

注：$group = 1, \cdots, 10$，分别表示立地等级 1 至立地等级 10

6.1.6 结果与讨论

关于森林生长收获预估模型的研建方法迄今已非常多（符利勇等，2012；2013；2014；2015；Zhang and Borders，2004；Fehrmann et al.，2008；Fu et al.，2014；2015；2017；2018；2019；Dong et al.，2015；Zeng，2015），本研究主要针对基于潜在生长量的立地质量评价，系统提出了模型选型标准、模型参数化方法、参数估计和模型评价方法等。在该方法中，要求计算的断面积连年生长量在正常的林分密度指数 S 范围内呈单峰或多峰曲线，因此对模型进行选型是一项重要的工作。然而，实际应用中由于模型较为复杂，使得断面积连年生长量的计算也显得更加困难，通常断面积连年生长量很难用通用的表达式表达，因此为判断单调性带来较大的困难。本章节提出了一种可以判断单调性的可行方法，通过实例（图6-1）表明该方法能有效判断断面积连年生长量与林分密度指数的单调性。除此之外，通过图6-1还能从一定程度反映断面积连年生长量与林分密度指数之间的具体函数关系，为后续的立地生产力计算提供参考。本研究给出的方法判断单调性时可能需要通过二分法或牛顿迭代算法计算 D_1，二分法或牛顿迭代算法可以参照袁亚湘（1997）的相关结论。

本研究在计算断面积连年生长量时假定了林分为等株生长，在现实过程中林分可能存在自稀疏或更新情况（Tang et al.，1994），但是由于立地质量评价通常针对基准年龄时的林分，其林分中林木株数在1年间隔期中变化较少，因此对断面积连年生长量的计算影响不大。如果考虑自稀疏时，需要构建林分自稀疏模型并结合断面积生长模型来计算断面积连年生长量，其计算过程与本研究给定的方法类似。

对模型进行参数化是近代林业统计模型发展的趋势，其中最常用的一种建模方法就是哑变量法（唐守正等，2015）。该方法最大的一个优点是通过构建哑变量，模型不仅能反映总体平均变化规律，而且还能描述哑变量各等级之间的固定差异。通常要求哑变量为固定效应因子，如果为随机因子时，模型将变为混合效应模型（唐守正等，2015）。对于哑变量模型参数估计，传统的方法是当哑变量含有 m 个等级时，数据结构将相应构造 $m-1$ 个变量，每个变量的取值为0或1，具体构建方法见唐守正等（2015），但是当分类变量等级个数非常大时，该方法将表现得非常不方便。而本章节提出的哑变量参数估计方法非常灵活，不需要按照哑变量的等级数构建新的变量，因此显著提高模型计算效率。该方法已在ForStat软件"非线性回归"模块上实现（唐守正等，2009）。从表6-4中得知，立地等级各等级（例如 $group = 1$ 和 $group = 10$）之间，以及各生长型树种等级之间差异非常大，因此考虑不同立地等级和生长型树种对断面积生长的差异非常有必要。在本研究中，只考虑了立地等级和生长型树种各自的主效应，实际应用时还可以考虑它们之间的交互作用对断面积生长的影响。

实际应用时，模型6-26可能计算不收敛，这可能与给定的初始参数（最小二乘法通常需要给定初始参数求解模型参数）或拟合数据有关系，如果调试大量初始参数后模型计算也不收敛时，可以把模型6-26对数化求解模型参数。对数化后模型6-26变为：

$$G'_{ijk} = \beta'_{1i} + \beta_4 \ln[1 - \exp(-\beta_{2j}(S_{ijk}/10000)^{\beta_3} T_{ijk})] + \varepsilon_{ijk} \qquad (6-27)$$

其中 $G'_{ijk} = \ln(G_{ijk})$，$\beta'_{1i} = \ln(\beta_{1i})$，其他参数或变量定义见模型6-26。通常模型

6 - 27 的计算收敛性要好于模型 6 - 26，本研究中栎类对应的断面积模型就是通过模型 6 - 27 计算得到。除了模型 6 - 26 外，对于其他模型，如果计算无法收敛，可以对模型进行对数化或线性化方法以求解模型参数。

6.2　林分现实生产力预估方法

现实生产力是指根据样地实际的林分平均年龄 T、林分密度指数 S 以及林分所属的立地类型或立地等级，并结合树高—年龄方程、断面积生长模型和蓄积生长模型所计算出的林分断面积或蓄积连年生长量（MI）（Fu et al.，2017）。以蓄积现实生产力为例，主要作用有以下两点：

（1）对潜在生产力进行验证，判别规则为立地潜在生产力必须大于或等于立地现实生产力，否则潜在生产力计算有误。

（2）对林分现实生长状况进行评价，量化潜力的发挥程度。评价指标为潜力提升空间。

$$\Delta = 蓄积潜在生产力 - 蓄积现实生产力$$

断面积现实生产力与蓄积现实生产力相类似，详细计算方法见 Fu et al（2017），本书不再介绍。

6.2.1　已知条件

计算蓄积现实生产力时需要给定已知信息，具体为：

（1）特定林分生长类型组对应的断面积生长模型及其参数估计结果

$$G = f_G(T, S, H, \hat{\Phi}_G)$$

其中，f_G 为林分断面积模型，G、T、S 和 H 分别表示林分断面积、林分平均年龄、林分密度指数和林分优势高，$\hat{\Phi}_G$ 为断面积生长模型参数估计值。

（2）特定林分生长类型组对应的蓄积生长模型及其参数估计结果

$$M = f_M(T, S, H, \hat{\Phi}_M)$$

其中，M、T、S 和 H 分别表示林分蓄积、林分平均年龄、林分密度指数和林分优势高，$\hat{\Phi}_M$ 为林分蓄积生长模型参数估计值。

（3）特定林分生长类型组对应的树高—年龄方程及其参数估计结果。

$$H = f_H(T, \hat{\Phi}_H)$$

其中，f_H 为树高方程，$\hat{\Phi}_H$ 为树高方程对应的参数估计值。

（4）样地数据

包括样地所处的立地类型或立地等级、样地林分平均年龄 T_0 和密度指数 S_0。

6.2.2　计算步骤

在已知 6.2.1 节条件下，断面积现实生产力计算步骤为：

第一步：计算 T_0 时的林分蓄积 M_0 和林木株数 N_0。

①已知 T_0 和 $\hat{\Phi}_H$，计算 H_0

$$H_0 = f_H(T_0, \hat{\Phi}_H)$$

②已知 T_0，S_0，H_0 和 $\hat{\Phi}_G$，计算 G_0

$$G_0 = f_G(T_0, S_0, H_0, \hat{\Phi}_G)$$

③联立林分断面积和林分密度指数计算公式

$$\begin{cases} G_0 = \pi D_0^2 N_0 / 40000 \\ S_0 = N_0(D_0/20)^\beta = N_0(D_0/20)^{1.605} \end{cases}$$

得到

$$D_0 = \left(\frac{4G_0}{\pi S_0 (20)^{1.605}} \right)^{200/79}, \quad N_0 = G_0 / (\pi D_0^2 / 4)$$

④已知 T_0，S_0，H_0 和 $\hat{\Phi}_M$，计算 M_0

$$M_0 = f_M(T_0, S_0, H_0, \hat{\Phi}_M)$$

第二步：林分平均年龄为 $T_0 + 1$ 年时林分蓄积 M_1 计算。

本研究假定林分为等株生长，即林分初始株数和1年以后的株数相同 $N_1 = N_0$，根据 $T_1 = T_0 + 1$ 计算 M_1：

①已知 T_1，计算 H_1

$$H_1 = f_H(T_1, \hat{\Phi}_H)$$

②已知 H_1、T_1、N_1 和 $\hat{\Phi}_G$，变量 G_1、S_1 和 D_1 满足方程组：

$$\begin{cases} G_1 = f_G(T_1, S_1, H_1, \hat{\Phi}_G) \\ G_1 = \pi/4 D_1^2 N_1 \\ S_1 = N_1(D_1/20)^\beta = N_1(D_1/20)^{1.605} \end{cases}$$

化简上式，如果对 D_1 求解，目标函数为：

$$f_G(T_1, N_1(D_1/20)^{1.605}, H_1, \hat{\Phi}_G) - \pi/40000 D_1^2 N_1 = 0$$

如果对 S_1 求解，目标函数为：

$$f_G(T_1, S_1, H_1, \hat{\Phi}_G) - \pi/100 (S_1/N_1)^{2/1.605} N_1 = 0$$

利用二分法计算（袁亚湘，1997）上述等式，得到 D_1 或 S_1。

③已知 T_1、S_1、H_1 和 $\hat{\Phi}_M$，计算 M_1

$$M_1 = f_M(T_1, S_1, H_1, \hat{\Phi}_M)$$

第三步：MI 计算。根据前面计算结果，断面积现实生产力由下式计算得到

$$MI = M_1 - M_0$$

上述算法已用程序实现，并在 ForStat 软件上创建了"林分现实生产力计算"模块。

6.3　林分潜在生产力预估方法

对于固定的立地类型和林分类型，在某个特定的林分年龄，所能达到的最大蓄积年生长量叫做特定年龄的蓄积潜在生产力。主要数学思想为在已知林分类型、该林分所对应的树高生长曲线、断面积生长模型和蓄积生长模型及其这些模型相应的参数估计值、年龄（用 T_0 表示）和立地等级（通常为了能更准确地评价立地质量，先按照立地和环境因子并结合林分优势高数据对树高进行分级，并得到树高生长曲线簇，用 $group$ 表示，实际应用时也可以不考虑立地等级，即默认为同一个立地等级）条件下，从给定的林分密度指数（用 S 表示）区间中寻找一个 $\tilde{S}$ 使得目标函数达到最大，对应的蓄积生长量（用 MI 表示）称为特定年龄蓄积潜在生产力。当 T_0 等于林分基准年龄时，即为基准年龄生产潜力。蓄积潜在生产力数学表达式见式 6 – 28，$\hat{\boldsymbol{\Phi}}_H$、$\hat{\boldsymbol{\Phi}}_G$ 和 $\hat{\boldsymbol{\Phi}}_M$ 分别为树高生长曲线簇、断面积生长模型和蓄积生长模型参数估计值。$S_{\min}$ 和 $S_{\max}$ 分别为 S 的下限和上限。

$$\text{Max } MI = f(group, T_0, S, \hat{\boldsymbol{\Phi}}_H, \hat{\boldsymbol{\Phi}}_G, \hat{\boldsymbol{\Phi}}_M) \qquad S \in \left[S_{\min}, S_{\max} \right] \qquad (6 – 28)$$

潜在生产力有如下 2 个重要性质：

（1）稳定性

生产潜力依赖于立地类型、林分类型以及林分年龄，当立地类型、林分类型以及林分年龄固定后，立地生产潜力将随之确定。

（2）极大性

生产潜力是反映特定立地类型、林分类型和林分年龄下的最大年生长量。现实中，在相同条件下林分年生长量（又称现实生长量）永远小于或等于生产潜力，但是如果林分经营好其现实生长量能接近或等于生产潜力。

断面积潜在生产力与蓄积潜在生产力相类似，详细计算方法见 Fu et al（2017），本书不再介绍。

6.3.1　已知条件

在计算特定年龄蓄积潜在生产力时，需要给定以下已知信息：

（1）特定林分生长类型组对应的断面积生长模型及其参数估计结果

$$G = f_G(T, S, H, \hat{\boldsymbol{\Phi}}_G)$$

其中，f_G 为断面积生长模型，G、T、S 和 H 分别表示林分断面积、林分平均年龄、林分密度指数和林分优势树高，$\hat{\boldsymbol{\Phi}}_G$ 为林分断面积生长模型参数估计值。

（2）特定林分生长类型组对应的蓄积生长模型及其参数估计结果

$$M = f_M(T, S, H, \hat{\boldsymbol{\Phi}}_M)$$

其中，M、T、S 和 H 分别表示林分蓄积、林分平均年龄、林分密度指数和林分平均树高，$\hat{\boldsymbol{\Phi}}_M$ 为林分蓄积生长模型参数估计值。

（3）特定林分类型组对应的树高—年龄方程及其参数估计结果

$$H = f_H(T, \hat{\boldsymbol{\Phi}}_H)$$

其中，f_H 为树高方程，$\hat{\Phi}_H$ 为树高方程对应的参数估计值。

（4）给定林分所处的立地类型（或立地等级，本研究用 $group$ 表示）

（5）给定所要计算的特定林分年龄 T_0

（6）给定密度指数 S 搜索区间

6.3.2　计算步骤

在给定已知条件（1）~（6），利用黄金分割法（袁亚湘，1997）求解 T_0 所对应的蓄积潜在生产力，详细计算步骤如下：

第一步：给定 S 区间 $[S_{max}, S_{min}]$，允许误差 e，$group$，T_0，迭代次数 $t = 1$，树高方程及参数估计值 $f_H(T, \hat{\Phi}_H)$，断面积生长模型及参数估计值 $G = f_G(T, S, H, \hat{\Phi}_G)$，蓄积生长模型及参数估计值 $M = f_M(T, S, H, \hat{\Phi}_M)$。计算四个分点对应的林分密度指数初始值：

$$S_1^{(t)} = S_{min}$$
$$S_2^{(t)} = S_{min} + 0.382(S_{max} - S_{min})$$
$$S_3^{(t)} = S_{min} + 0.618(S_{max} - S_{min})$$
$$S_4^{(t)} = S_{max}$$

第二步：利用子程序 A（见下文），分别计算：

$$MI_1^{(t)} = f(group, T_0, S_1^{(t)}, \hat{\Phi}_H, \hat{\Phi}_G, \hat{\Phi}_M)$$
$$MI_2^{(t)} = f(group, T_0, S_2^{(t)}, \hat{\Phi}_H, \hat{\Phi}_G, \hat{\Phi}_M)$$
$$MI_3^{(t)} = f(group, T_0, S_3^{(t)}, \hat{\Phi}_H, \hat{\Phi}_G, \hat{\Phi}_M)$$
$$MI_4^{(t)} = f(group, T_0, S_4^{(t)}, \hat{\Phi}_H, \hat{\Phi}_G, \hat{\Phi}_M)$$

第三步：如果 $MI_2^{(t)} > MI_3^{(t)}$ 且 $|MI_2^{(t)} - MI_3^{(t)}| > e$，则

$$S_1^{(t+1)} = S_1^{(t)}$$
$$S_4^{(t+1)} = S_3^{(t)}$$
$$S_2^{(t+1)} = S_1^{(t+1)} + 0.382(S_4^{(t+1)} - S_1^{(t+1)})$$
$$S_3^{(t+1)} = S_1^{(t+1)} + 0.618(S_4^{(t+1)} - S_1^{(t+1)})$$

如果 $MI_2^{(t)} < MI_3^{(t)}$ 且 $|MI_2^{(t)} - MI_3^{(t)}| > e$，则

$$S_1^{(t+1)} = S_2^{(t)}$$
$$S_4^{(t+1)} = S_4^{(t)}$$
$$S_2^{(t+1)} = S_1^{(t+1)} + 0.382(S_4^{(t+1)} - S_1^{(t+1)})$$
$$S_3^{(t+1)} = S_1^{(t+1)} + 0.618(S_4^{(t+1)} - S_1^{(t+1)})$$

返回第二步，重新计算，否则停止计算，即

$$MI = (MI_2^{(t)} + MI_3^{(t)})/2, \qquad S = (S_2^{(t)} + S_3^{(t)})/2$$

分别为在年龄 T_0 时对应的蓄积潜在生产力以及相应的林分密度指数。

子程序 A：该子程序主要作用为给定 S_0，计算 T_0 对应的蓄积生长量 MI。计算步骤如下：

第一步：计算 M_0 和 N_0。

（1）已知 T_0，计算 H_0

$$H_0 = f_H(T_0, \hat{\Phi}_H)$$

（2）已知 T_0，S_0 和 H_0，计算 G_0

$$G_0 = f_G(T_0, S_0, H_0, \hat{\Phi}_G)$$

（3）由等式

$$\begin{cases} G_0 = \pi D_0^2 N_0 / 40000 \\ S_0 = N_0 (D_0/20)^\beta = N_0 (D_0/20)^{1.605} \end{cases}$$

得到

$$D_0 = \left(\frac{4G_0}{\pi S_0 (20)^{1.605}} \right)^{200/79}, \qquad N_0 = G_0 / (\pi D_0^2/4)$$

（4）已知 T_0，S_0 和 H_0，计算 M_0

$$M_0 = f_M(T_0, S_0, H_0, \hat{\Phi}_M)$$

第二步：M_1（$T_0 + 1$ 年）的计算。

本研究假定林分为等株生长，即林分初始株数和 1 年以后的株数相同 $N_1 = N_0$。本研究中为了与林业实际应用相一致，须对 N_0 进行约束，即当 $N_0 \leqslant 3000$，N_0 取值不变，否则 $N_0 = 3000$。根据 $T_1 = T_0 + 1$ 计算 M_1：

（1）已知 T_1 和 $\hat{\Phi}_H$，计算 H_1

$$H_1 = f_H(T_1, \hat{\Phi}_H)$$

（2）已知 H_1、T_1、N_1 和 $\hat{\Phi}_G$，变量 G_1、S_1 和 D_1 满足方程组：

$$\begin{cases} G_1 = f_G(T_1, S_1, H_1, \hat{\Phi}_G) \\ G_1 = \pi/40000 D_1^2 N_1 \\ S_1 = N_1 (D_1/20)^\beta = N_1 (D_1/20)^{1.605} \end{cases}$$

化简上式，如果对 D_1 求解，目标函数为：

$$f_G(T_1, N_1(D_1/20)^{1.605}, H_1, \hat{\Phi}_G) - \pi/40000 D_1^2 N_1 = 0$$

如果对 S_1 求解，目标函数为：

$$f_G(T_1, S_1, H_1, \hat{\Phi}_G) - \pi/100 (S_1/N_1)^{2/1.605} N_1 = 0$$

利用二分法算法（袁亚湘，1997）计算上述等式，得到 D_1 或 S_1。

（3）已知 T_1、S_1、H_1 和 $\hat{\Phi}_M$，计算 M_1

$$M_1 = f_M(T_1, S_1, H_1, \hat{\Phi}_M)$$

第三步：MI 计算。利用下式计算得到

$$MI = M_1 - M_0$$

以上算法已用程序实现，并在 ForStat 软件上创建了"林分潜在生产力计算"模块。

6.4 实例分析

6.4.1 数据

以吉林省蒙古栎纯林作为研究对象,共布设了 1961 个面积为 $0.06hm^2$ 的固定样地,并且分别于 1994 年、1999 年,2004 年、2009 年和 2014 年对部分或全部样地连续观测 5 次,共计 4630 个观测点。调查内容与国家一类清查相类似。分别计算出每块样地对应的林分优势高 H、林分每公顷断面积(G)、林分每公顷蓄积量(M)、树种组成、赖内克密度指数(又称林分密度指数,用 S 表示)。S 计算公式如下:

$$S = N (D/20)^{1.605}$$

其中,N 和 D 分别为样地活立木总株数(株)和样地平均直径(cm)。蒙古栎纯林对应的数据统计信息见表 6-5。

表 6-5　蒙古栎纯林对应的因子统计表

变量	最大值	最小值	平均值	标准差
M	376.44	2.04	127.60	60.22
G	50.04	0.64	21.76	8.82
S	1673.70	33.72	747.79	273.13
T	168	5	58	22
H	20.21	4.87	13.48	2.32

注:M 为林分蓄积(m^3/hm^2),G 为林分断面积(m^2/hm^2),S 为林分密度指数,T 为林分年龄(a),H 为林分优势高(m)。

按照第四章提出的基于林分高生长的立地分级划分方法,为便于应用选择 10 个立地等级,分别用 $group = 1,\cdots,10$ 表示。本研究选用 Richard 形式的优势高模型为:

$$H = a_i [1 - \exp(-b_i T)]^{c_i} + \varepsilon \tag{6-29}$$

其中,H 和 T 分别为样地优势高(m)和样地平均年龄(a),$\varPhi_{Hi} = (a_i, b_i, c_i)$ 为第 i 个立地等级对应的参数,ε 为误差项。蒙古栎纯林各立地等级对应的林分优势高和林分平均年龄散点分布和拟合生长曲线如图 6-2 所示。

断面积生长模型选用唐守正等(1991)提出的全林整体模型中的断面积模型(Richards 形式):

$$G = b_{1i} [1 - \exp(-b_2 (S/10000)^{b_3} T)]^{b_4} + \varepsilon \tag{6-30}$$

其中,G 为林分断面积(m^2/hm^2),S 为林分密度指数,T 为林分平均年龄(a)。$\varPhi_{Gi} = (b_{1i}, b_2, b_3, b_4)$ 为模型参数,其中 b_{1i} 与立地等级有关($i = 1,\cdots,10$),ε 为误差项。蓄积模型选用与断面积模型 6-30 完全相同的模型形式:

$$M = b_{1i} [1 - \exp(-b_2 (S/10000)^{b_3} T)]^{b_4} + \varepsilon \tag{6-31}$$

其中,M 为林分蓄积(m^3/hm^2),模型其它变量和参数的定义见模型 6-30。

基于实验数据求解蒙古栎纯林对应的模型 6-29 至模型 6-31 的参数估计值见表 6-6。模型 6-29 至模型 6-31 具有较高的拟合精度,模型 6-29 至模型 6-31 对应的 R^2 分别为

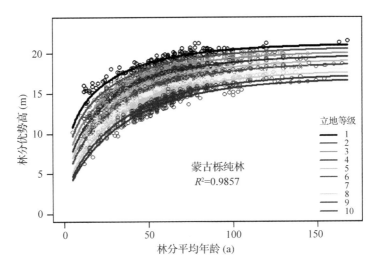

图 6-2　蒙古栎纯林 10 个立地等级上林分优势高生长曲线图

0.9857，0.9799 和 0.9556。本研究假定林分密度指数 S 的可行域区间为（30，2000）。

表 6-6　蒙古栎纯林对应的模型 6－29 至模型 6－31 的参数估计值

立地等级	模型 6－29			模型 6－30				模型 6－31			
	a	b	c	b_1	b_2	b_3	b_4	b_1	b_2	b_3	b_4
$group = 1$	19.8062	0.0229	0.3308	51.3502	0.1842	4.0022	0.2500	374.6214	0.0538	1.9266	0.5604
$group = 2$	19.3301	0.0229	0.3775	51.1735	—	—	—	371.6684	—	—	—
$group = 3$	18.8540	0.0229	0.4241	50.6007	—	—	—	357.2447	—	—	—
$group = 4$	18.3779	0.0229	0.4707	50.1965	—	—	—	349.2424	—	—	—
$group = 5$	17.9018	0.0229	0.5173	49.2236	—	—	—	330.2283	—	—	—
$group = 6$	17.4257	0.0229	0.5639	48.8061	—	—	—	318.7669	—	—	—
$group = 7$	16.9496	0.0229	0.6106	47.9681	—	—	—	304.1646	—	—	—
$group = 8$	16.4735	0.0229	0.6572	47.0560	—	—	—	288.9932	—	—	—
$group = 9$	15.9974	0.0229	0.7038	46.2812	—	—	—	276.7581	—	—	—
$group = 10$	15.5213	0.0075	0.7504	44.1488	—	—	—	252.0633	—	—	—

注：其中 $group$ 表示立地等级，a,b,c,b_1,b_2,b_3,b_4 分别为模型参数

6.4.2　林分蓄积潜在生产力计算

　　按照前面介绍的林分蓄积潜在生产力计算要求，蒙古栎纯林对应的已知条件分别为：
①林分生长类型组为蒙古栎纯林，断面积生长模型见模型 6－30，模型的参数估计值见表
6-6；②蓄积生长模型见模型 6－31，模型的参数估计值见表 6-6；③优势高生长模型见模
型 6－29，模型的参数估计值见表 6-6；④给定了 10 个立地等级，分别用 $group = 1,\cdots,10$

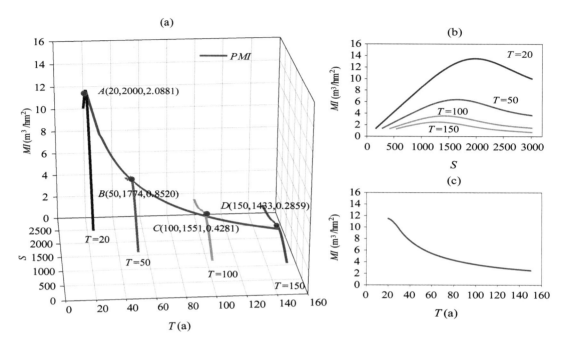

图 6-3　在 $T = 20a$，$50a$，$100a$ 和 $150a$ 时立地等级 $group = 1$
对应的蓄积连年生长量 MI 与林分密度指数 S

表示；⑤本实例假定林分基准年龄为 50 年；⑥林分密度指数 S 的搜索区间为（30，3000）。

与林分断面积潜在生产力相似（Fu et al.，2017），林分蓄积潜在生产力是在特定林分年龄 $T = T_0$ 时从 S 搜索区间（30，3000）上找出一个 S_0 使得林分单位公顷蓄积连年生长量达到最大值。以 T 为 20a（幼龄林），50a（基准年龄），100a（近成熟林）和 150a（成熟林）为例，立地等级 $group = 1$ 对应的蓄积连年生长量与 S 的分布如图 6-3 所示。从图 6-3（a）中得知，对于不同年龄 T，MI 与 S 都呈单峰曲线（本研究对曲线形状没有特定要求，也可为多峰曲线），S 搜索区间（30，3000）上的局部极大值（单峰峰点）则为林分蓄积潜在生产力，MI 与 S 的二维平面如图 6-3（b）所示。从图 6-3（a）中还可得知随着年龄的增大，峰点往 S 减少的方向移动，这与林分实际生长情况相吻合，即随着林分年龄的增大，林分通过自然稀疏密度逐渐减少，林分平均直径变大，使得最优林分密度指数逐渐减少。同时随着林分年龄的增大峰点呈下降趋势，这是由于随着年龄的增大，单位面积林分蓄积连年生长量逐渐减少有关。不同年龄 T（例如，$T = 20,50,100,150$）对应的 MI 与 S 曲线的峰点的连线即为林分蓄积潜在生产力（PMI）三维曲线（PMI 与 T 和 S 的分布曲线）。通过该曲线能有效掌握栎类混交林不同 T 时刻 PGI 与 S 的关系。把三维曲线投影到 MI 与 T 的二维平面图上，即为林分蓄积潜在生产力与林分平均年龄 T 的分布曲线（图 6-3（c）），简称林分蓄积潜在生产力曲线（以下类同）。图 6-4 为蒙古栎纯林 $group = 1, \cdots, 10$ 对应的林分蓄积潜在生产力曲线。从图中得知，对于所有的 $group$，两种林分在中幼龄阶段，PMI 与 T 呈单峰曲线，之后 PMI 随着 T 的增大而减少。这与 Fu et al.（2017）提出的断面积潜在生产力与 T 呈反比不一致，主要原因是本研究在计算蓄积潜在生产力时对每公顷株数限制为 3000 株，而 Fu et al. (2017)对每公顷株数没有限制。除此之外，在相同的年龄下，$group = 1, \cdots, 10$ 对应的蓄积潜在生产力呈逐渐下降趋势，这与立地等级定义相一致（$group = 1$ 表示立地等级最高而 $group = 10$ 表示立地等级最低）。

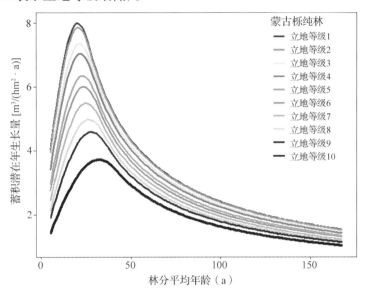

图 6-4　蒙古栎纯林 $group = 1, \cdots, 10$ 对应的林分蓄积潜在生产力曲线

6.4.3　林分蓄积潜在生产力验证及现实林分评价

按照林分现实生产力计算方法要求，对应的已知条件如为：①林分类型组为蒙古栎纯林，断面积生长模型见模型 6 – 30，模型的参数估计值见表 6-6；②蓄积模型见模型 6 – 31，模型的参数估计值见表 6-6；③优势高模型见模型 6 – 29，模型参数估计值见表 6-6；④样地数据（包括样地所处的立地等级 $group$、样地林分平均年龄 T_0 和密度指数 S_0），见表 6-5。

图 6-5 为蒙古栎纯林按照不同的 $group$ 对应的每块样地的蓄积现实生产力和潜在生产力分布图。从图中得知，各样地对应的潜在生产力都大于相对应的现实生产力。对于幼龄林和中龄林，各林分对应的潜在生产力和现实生产力差异较大，随着林分年龄（T）的增大，差异程度逐渐减少，当林分达到近成熟林或成熟林时，两者非常接近。此规律与本章中的潜在生产力特征相一致，即在单个时间点上，潜在生产力是蓄积连年生长量的局部极大值，林分现实生长量只能小于或等于潜在生产力。如果立地条件好，并且经营措施恰当，其林分的现实生产力能接近或达到潜在生产力。因此进一步表明本章提出的潜在生产力概念合理，其计算方法可行。

通过潜在生产力和现实生产力差异程度（ΔMI）可以对现实林分进行有效评价，从而定量掌握该林分的可改良空间。对于不同时间点林分的 ΔMI 由下式计算得到：

$$\Delta MI_T = PMI_T - RMI_T$$

式中：ΔMI_T 为 T 时刻林分蓄积可改良空间，PMI_T 和 RMI_T 分别为 T 时刻林分对应的蓄积潜在生产力和现实生产力。不同立地等级 $group = 1,\cdots,10$ 各样地对应的蒙古栎纯林蓄积连年生长量可改良空间（ΔMI）如图 6-5 所示（红实线表示）。从图中得知，不同的 $group$ 都满足 ΔMI 随着 T 的增大而减少。其中，在基准年龄 $T = 40$ 前，ΔMI 下降较迅速，到达基准年龄 $T = 40$ 之后，ΔMI 下降趋势明显变缓。因此对于蒙古栎纯林须在基准年龄 $T = 40$ 前（幼龄林和中龄林）进行改良，并且改良时间应越早越好。以基准年龄 $T = 40$ 为例，对于蒙古栎纯林，各立地等级 $group = 1,\cdots,10$ 对应的 ΔMI 分别为 0.6101 m³/hm²，1.5206 m³/hm²，0.7393 m³/hm²，1.2896 m³/hm²，1.0739 m³/hm²，1.5830 m³/hm²，1.4017 m³/hm²，1.2653 m³/hm²，1.2953 m³/hm²，0.6737 m³/hm²。

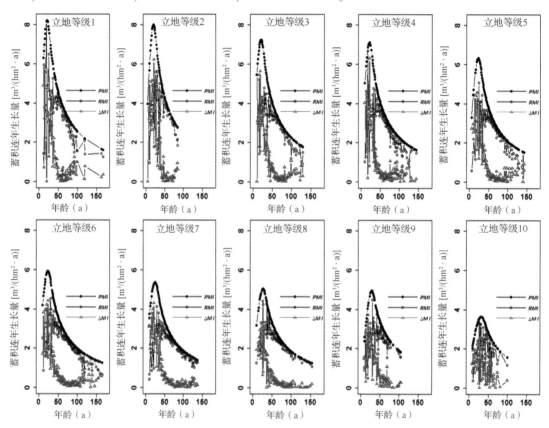

图 6-5 立地等级 $group = 1,\cdots,10$ 对应的蒙古栎纯林各样地的潜在生产力（PMI）、现实生产力（RMI）和可改良空间（ΔMI），其中 MI 为林分蓄积连年生长量[m³/(hm²·a)]，T 为林分平均年龄（a）

6.4.4 讨论

本章重点介绍蓄积潜在生产力概念和算法，断面积生产潜力计算方法与之相类似。与断面积生产潜力相比，蓄积潜在生产力为特定林分在特定年龄和特定立地条件下其最大蓄积连年生长量。但就立地质量评价而言，两个评价指标侧重点不一样，断面积生产潜力强调的是林分直径生长，该指标越大表明在相同时间点下该林分的平均直径越大。因此当目标林分为培养大径阶用材林时，利用断面积生产潜力指标对立地质量评价较为合适。对于其他目标林分，例如强调蓄积生长的用材林或生态公益林，利用断面积生产潜力指标进行立地质量评价时显然不合理。主要原因之一是断面积生产潜力大的林分其蓄积潜在生产力不一定大。同样蓄积潜在生产力指标不宜对培养大径阶用材林的目标林分进行立地质量评价，该指标强调林分蓄积生长的整体水平，蓄积潜在生产力大的样地其对应的断面积生产潜力不一定大。

与断面积生产潜力相比，除了给定树高模型和断面积生长模型及其参数估计值外，在计算蓄积潜在生产力时还需给定蓄积模型及其参数估计值。各模型要有较好的预测精度，除此之外，由蓄积模型计算出的蓄积连年生长量必须与林分密度指数呈非单调函数关系。本章由于选用的全林整体模型形式（唐守正等，1991）对于断面积和蓄积都具有较高的拟合精度，因此在计算蓄积潜在生产力时，断面积模型和蓄积模型形式都相同。实际应用时，断面积模型和蓄积模型可以根据林分类型和实验数据来确定。

模型 6 – 30 和模型 6 – 31 考虑了不同立地等级对断面积和蓄积的影响。从图 6-3 中得知，对于蒙古栎纯林，立地等级 $group = 1$ 对应的蓄积潜在生产力最大，随着立地等级增大，相应的生产潜力逐渐减小。当 T 较小时，各立地等级蓄积潜在生产力差异较大，$T = 20$ 时，$group = 1$ 对应的蓄积潜在生产力（$8.1547\ m^3/hm^2$）比 $group = 10$ 对应的生产潜力（$3.1785\ m^3/hm^2$）要大 2 倍多，这主要是由于林分现实经营状况不同而造成的。图 6-3 能定量描述不同时间点各立地级蓄积潜在生产力的差异程度。除此之外，模型 6 – 30 和模型 6 – 31 中的参数还可以按照对其他因素进行参数化，例如混交林中不同树种等。总之，本章提出的蓄积潜在生产力指标计算方法较为灵活，可以根据实际需求对模型 6 – 30 和模型 6 – 31 进行参数化，方法与本章中按立地等级参数化相类似。

对林分进行抚育或提质增效作业时，传统做法是优先选择对立地质量好的林分或立地质量差的林分进行经营，但是该方法忽略了其可能的提升空间。通过本章的 ΔMI 能合理地确定不同林分其经营的优先顺序。在相同林分平均年龄下，ΔMI 越大说明该林分现实生产力越小，需要改良的优先程度越高，反之，该林分现实经营状况较好，需要经营的优先程度越低。以蒙古栎纯林为例，假定对象林分都为基准年龄时（$T = 40$），各立地等级对应改良的优先级分别为 $group = 6$（$\Delta MI = 1.5830\ m^3/hm^2$）> $group = 2$（$\Delta MI = 1.5206\ m^3/hm^2$）> $group = 7$（$\Delta MI = 1.4017\ m^3/hm^2$）> $group = 9$（$\Delta MI = 1.2953\ m^3/hm^2$）> $group = 4$（$\Delta MI = 1.2896\ m^3/hm^2$）> $group = 8$（$\Delta MI = 1.2653\ m^3/hm^2$）> $group = 5$（$\Delta MI = 1.0739\ m^3/hm^2$）> $group = 3$（$\Delta MI = 0.7393\ m^3/hm^2$）> $group = 10$（$\Delta MI = 0.6737\ m^3/hm^2$）> $group = 1$（$\Delta MI = 0.6101\ m^3/hm^2$）。对于不同的时间点同样根据 ΔMI 的大小确定林分经营优先级。

本章假定林分按等株生长作为前提条件计算蓄积连年生长量。这主要由于本研究重点是对天然林立地质量进行评价，通常选用基准年龄或近成熟林分作为研究对象，这些林分相对比较稳定，与此同时林分在间隔 1 年中其株数变化也相对较小，因此假定林分等株生长计算断面积生产潜力是可行的。理论上讲，如果考虑林分自稀疏能提高蓄积潜在生产力的计算精度。但是需要构建林分自稀疏模型，并且对实验数据有更高的要求，同时蓄积潜在生产力的计算步骤也会变得更加复杂。

第7章

基于分布适宜性和潜在生产力的
森林－立地适宜性定量评价

　　"适地适树"是森林经营的基本原则。要实现树种(森林类型)和立地的科学"配对",发挥最大的潜在生产力,就需要知道树种(森林类型)适合在什么样的环境下出现? 在该立地环境下生长如何? 因此,一个完整的"树种(森林类型)－立地配对"方法应包括分布适宜性和潜在生产力两个方面。本章给出了基于物种分布模型的树种(森林类型)分布适宜性评价方法,及基于潜在树种分布和潜在生产力的综合适地适树指数方法和案例。

7.1　物种分布预测原理与方法

　　物种分布模型(species distribution models, SDMs)是将物种的分布样本信息和对应的环境变量信息进行关联,得出物种分布与环境变量之间的关系,并将这种关系应用于所研究的区域,从而预估目标物种的潜在分布而建立的模型(许仲林,2015)。物种分布模型以生态位概念为基础,研究物种在生态系统中所占据的位置,及与其他物种之间的关系与相互作用。常用于研究植物群落与环境梯度关系,来解释物种分布与环境的关系(Nix, 1977;曹铭昌,2005;李国庆,2013)。随着统计科学的理论发展,计算机和地理信息系统的技术进展,物种分布模型被广泛用于空间生态学、土地保护与管理(Raxworthy et al., 2003;Elith et al., 2006)。同时,在物种时空分布格局、濒危物种及有经济价值物种潜在分布区预测(Godown and Peterson, 2000;Raxworthy et al., 2003;Guisan et al., 2002;Jarvis,2002;Fourcade, 2014;Cao et al., 2016;Zhang et al., 2016)、入侵生物潜在分布区及扩散潜能预测(Cabeza et al., 2004)、全球气候变化对物种分布影响等领域得到越来越广泛的应用(Iverson et al., 2004;Ballesteros et al., 2007;吴正方等,2003;Benito et al.,2013;Falk et al., 2011;2013;金佳鑫,2013;Butler, 2016;Walentowski et al., 2017),已经成为基础生态学和生物地理学研究的重要工具。尤其是 DEM 数据、气候的插值数据、陆地表面土壤数据、高中低分辨率的遥感数据源越来越丰富并容易获得，大大加强了物种分布模型的应用能力。但目前的物种分布模型较少用于森林经营决策中的适地适树评价。

关于物种分布模型性能评价的最新结果显示，对于分布较为广泛的物种，则各模型的性能表现出较高的一致性（王运生等，2007）。常用物种模型，如 Maxent 模型、Garp 模型、Bioclim 模型、广义线性模型、广义可加模型等。

（1）Maxent 模型

最大熵模型（maximum entropy modeling，Maxent）是基于信息熵理论发展而来的生态位模型（ecological niche modeling），由 Phillips 等于 2004 年构建。根据已知物种的现实分布所在地和其对应的各种环境数据建立关系，来估计和预测该物种在某一范围内潜在分布的可能性（Phillips，2004；王运生等，2007）。Phillips 等第一次介绍 Maxent 模型在物种分布预测中的应用（Phillips，2006），Elith 对比了包括 Maxent 在内的 16 种生态位模型对 226 个物种进行了潜在分布适宜性模拟，Maxent 模型的性能表现更优（Elith et al.，2011）。该模型自 2006 年被开发以来，在谷歌学术上的引用已超过 6000 次（Phillips，2017），说明了该模型在气候变化、外来物种入侵、濒危物种保护的相关研究领域的认可程度。

（2）Garp 模型

Garp 是基于遗传算法建立的物种分布模型，通过遗传算法实现以生态位为基础的物种生态需求。从原理上讲，是一个通过迭代寻找最优分布的过程，从而解释物种的潜在分布区（王磊等，2013）。探索物种存在与否和环境参数之间的非随机相关性（Stockwell et al.，1999）。与 Maxnet 模型相似，利用物种的已知分布数据及其对应的环境数据，通过模拟自然进化过程来搜索最优解的方法，算法运行产生不同规则的集合。提供问题的近似最优解，来描述维持物种种群数量所需的环境条件，只有那些适应度大的个体才符合自然界的进化规律，实现适者生存。

（3）Bioclim 模型

Bioclim 是 Nix 在 1986 年创建的用于物种分布模拟和预测的框架模型，是模拟物种分布的经典模型之一。同时，Bioclim 是第一个被广泛使用的数据包，基于气候差值方法创建了世界气候数据库，被广泛用于评估气候变化对物种分布造成的影响（邵慧等，2009）。Bioclim 模型的原理是通过研究物种分布区对应的生物气候因子的关系，产生一些具有生物学意义，同时可以描述物种所在分布区的温湿度、极端气候、季节性的变量等气候参数，通过数字高程模型，计算产生所研究物种的生物气候文件。将所研究地区与生物气候文件应用于该物种的潜在适生区预测。

（4）广义线性模型（GLMs）

广义线性模型是常规正态线性模型的直接推广，指定线性模型的因变量服从指数型分布，通过构建一个关于 x 的模型来预测 y，在分类和回归问题中应用，是处理离散型观测数据的有效统计模型。它不需要响应变量服从正态分布，响应变量可以服从指数型分布族中的任何概率分布，如二项分布、泊松分布、伽马分布及负二项分布等（曹铭昌等，2005）。

（5）广义可加模型（GAMs）

广义可加模型为广义线性模型非参数化的扩展，它比广义线性模型更灵活，即该模型的预测结果不是来自于一个预先设定好的模型。它能应用非参数的方法检验数据的结构，并找出数据中的规律，从而得到更好的预测结果。广义可加模型（GAMs）应用了二项误差分布和联系函数（联立方程组）（Guisan et al.，2002），以 Dolos 利用德国清查数据做的物种分布模型为例，选择了年均温、土壤类型和年降水总量等自然边界条件，用了三个自由度，为了降低冗余，找出它们最后合适的三次样条。模型的方程式增加了温度和降水量之间的交互影响，土壤类型作为分类变量（Dolos et al.，2015）。

$$\ln\left(\frac{p}{1-p}\right) = \alpha + f_1(T) + f_2(P) + f_1(T)f_2(P) + \sum_1^n (\beta_i \cdot S_i) \qquad (7-1)$$

式中：p 为物种出现的概率；T 为年均温；P 为年降水总量；S 为土壤类型；n 为土壤类型的数量；α，β 为参数；f_1，f_2 为三次样条函数。

综上所述，目前物种分布模型的研究主要是单个物种与环境建立的关系模型，还没有多物种分布（混交林）模型。因此，建立一个以天然混交林为研究对象，从混交林现实分布点数据准备，包括从环境变量筛选、模型选择、参数配置、阈值确定直至结果评价在内的全方面多物种分布模型的评价体系十分必要。由于 Maxent 是应用最多的方法，以下介绍基于 Maxent 最大熵物种分布模型的树种（森林类型）潜在分布适宜性的方法。

7.2 基于 Maxent 最大熵物种分布模型的树种（森林类型）潜在分布适宜性

在物种分布模型中，最大熵模型具有准确率较高、可以灵活设置约束条件、容易收敛和数学定义简单明了 4 个明显优势（Phillips，2006），已成为应用最广泛的物种分布模型（Elith，2006；2011；王运生等，2007），谷歌学术显示对该文献的引用已达 6000 次（Phillips，2017）。最大熵模型由 Phillips 等（2004）构建，是一个物种分布预测模型，根据物种现实分布点和现实分布地区的环境变量构建预测模型，再利用该模型对目标物种在目标地区的可能分布情况进行估计和预测。最大熵模型求算的是最大似然性，运行结果给出的是栅格中某像素单元内与物种分布相关的概率值（gain）。最大熵模型并不是直接计算该点的物种"存在"概率，gain 值实际上是对样点最大似然性的测量（Merow et al.，2013）。

7.2.1 Maxen 模型原理

最大熵（maximum entropy）理论由 Jaynes 于 1957 年提出的，该理论认为当我们需要对一个随机事件的概率分布进行预测时，要保留各种可能性，从而将预测风险降到最小。因为这时概率分布的信息熵最大，所以人们称这种模型叫"最大熵模型"（张颖，2011）。

设随机变量 ξ，有 A_1、$A_2\cdots$，A_n 共 n 个不同的结果，每个结果出现的概率为 $P_1,P_2\cdots$，P_n，那么 ξ 的不确定度，即信息熵为：

$$H(\xi) = -\sum_{i=1}^n p_i \ln p_i \qquad (7-2)$$

熵越大，越不确定；熵为 0，事件是确定的。

根据最大熵原理推断随机变量 x 的概率密度分布函数 $f(x)$ 时，将最大熵原理写成表达

式为

$$maxS = -\int_R f(x) \ln[f(x)] dx \qquad (7-3)$$

$$s. t. \int_R f(x) dx = 1 \quad i = 1, 2, \cdots, m$$

$$\int_R x_i f(x) dx = M_i$$

$$X \geq b$$

式中：R 为随机变量 x 所在集合；$f(x)$ 为 x 的密度函数；M 为第 i 阶原点矩；m 为 M 的矩的阶数；b 为保证 x 有意义的量。

为了求得 $f(x)$ 的表达式，引入拉格朗日乘子：

$$maxS = S + (\lambda_0 + 1)\left[\int_R f(x) dx - 1\right] + \sum_{i=1}^{m} \lambda_0 [x_i f_i(x) dx - M_i] \qquad (7-4)$$

解出密度函数：

$$f(x) = \exp\left(\lambda_0 + \sum_{i=1}^{m} \lambda_i x_i\right) \qquad (7-5)$$

最大熵密度函数的解析形式如公式 7-5，只要确定其中的参数 λ 就可以确定 $f(x)$（王栋，2001）。Maxent 求算的是最大似然性，运行结果给出的是栅格中某象素单元内与物种分布相关的概率值。Maxent 并不是直接计算该点的物种"存在"概率，概率值实际上是对样本点最大似然性的测量。

7.2.2　最大熵物种分布模型运行

本研究的计算通过该模型的 Java 程序 3.3.3k 版本完成（http://www. cs. princeton. edu/~ schapire/maxent/）。MaxEnt 软件运行需要 2 组数据：一是所研究的森林类型的地理分布数据；二是研究区环境因子数据。首先，构建研究区主要森林类型的样本点坐标数据集，包括物种、经度/X、纬度/Y 3 个字段，保存为 . CSV 格式；然后，下载包含气候、土壤和地形等环境因子的数据集，环境变量层以 ESRI ASCII 格式存储。将以上 2 类数据导入 Maxent（Version 3.3.3k），设置最大迭代次数为 500 次，收敛阈值为 10^{-5}。通过模型运算，输出不同森林类型的分布概率文件，存成 . asc 格式。将此文件导入 ArcGIS10. 2，生成每个森林类型的分布概率图，通过 ArcGIS 软件将文件转换为 . tiff 格式，归一化处理后进行等级划分。当物种在某地区的存在概率小于 0.05 时，在统计学上被称为小概率事件。随着概率值（gain）的升高，树种出现的概率随之增大。对适宜性分级的研究，依次定义分为 5 级，分别为非适生区（白色，5 级，gain≤0.05）、低适生区（黄色，4 级，0.05＜gain≤0.2）、中适生区（紫色，3 级，0.2＜gain≤0.5）、高适生区（绿色，2 级，0.5＜gain≤0.8）和极高适生区（红色，1 级，0.8＜gain≤1.0）。

7.2.3　模型评价

最大熵模型采用受试者工作特征曲线 ROC（receiver operator characteristic curve）分析法预测模型准确性，以 ROC 曲线下的面积 AUC（area under the curve）反映诊断试验的价值

（王运生等，2007）。该曲线基于表 7-1 中的误差矩阵绘制。在 AUC 曲线所处的坐标系中，横轴为 $\frac{b}{b+d}$ 的值表示的特异性（也即 $1-specificity$），纵轴为 $\frac{a}{a+c}$ 的值表示的灵敏度（也即 sensitivity），AUC 是 ROC 曲线与横坐标围成的面积值，AUC 越大表示与随机分布相距越远，环境变量与预测的物种地理分布模型之间相关性越大，即模型预测效果越好。AUC 是一种与阈值无关的模型性能评价方法，能够评价输出结果为连续值（而非布尔值）的模型。

$$AUC = \frac{1}{(a+c)(b+d)}\sum_{i=1}^{b+d}\sum_{j=1}^{a+c}\Phi(X_i,Y_j) \tag{7-6}$$

其中，若 $Y>X$，则 $\Phi(X_i,Y_j)=1$，若 $Y=X$，则 $\Phi(X_i,Y_j)=\frac{1}{2}$，否则 $\Phi(X_i,Y_j)=0$，X_i 和 Y_j 分别为实测未分布样本 i 和实测分布样本 j 上的预测值，a、b、c、d 值见表 7-1（许仲林等，2015）。

基于训练数据（随机选出总数据集的 75%）训练模型，获取模型的相关参数，余下 25% 为检验数据，用于验证模型。AUC 为 [0.5，0.6) 精度较差（poor），AUC [0.6，0.7) 精度一般（fair），AUC [0.7，0.8) 精度较准确（good），AUC [0.8，0.9) 精度很准确（very good），AUC [0.9，1.0] 精度极准确（excellent）（Phillips，2006；王运生等，2007）。

表 7-1　评价模型准确性的误差矩阵

	实测分布	实测未分布
预测分布	a	b
预测未分布	c	d

注：a 为真阳性；b 为假阳性；c 为假阴性；d 为真阴性。

7.2.4　主导环境因子筛选

采用 Jackknife（刀切法）得到变量重要值得分，评价环境因子对森林类型地理分布的影响程度，筛选出主导环境因子。刀切法是由 Quenouille 于 1949 年提出的再抽样方法（Boos et al.，2013），其原始动机是降低估计的偏差，目前已成为一种通用的假设检验和置信区间计算的方法。通过 Maxent 软件的刀切法模块给出各环境因子对树种分布影响的得分情况，确定各环境因子的重要性。

7.3　物种分布预测集成模型方法

7.3.1　物种分布的综合适宜性

由 7.1 节可知，存在大量的物种分布模型。由于不同的物种分布模型产生的结果有所差异，从而导致不同树种或森林类型的空间分布适宜性也有所不同，因此研究中也提出采用综合集成的方法，通过对不同分布模型的预测适宜性进行加权来计算物种分布的综合适宜性（ensemble suitability，Se），计算公式如下：

$$S_e = \frac{\sum_i w_i S_i}{\sum_i w_i} \qquad\qquad (7-7)$$

式中，S_i 表示第 i 个物种分布模型的树种适宜性值，w_i 表示第 i 个模型的权重值。

在 R 软件中，Biodiversity R 就是这样一个综合模型程序包（Kindt，2017）。其中包含了 23 种物种分布模型（表 7-2）。各模型中，除 Maxent 外，其余模型均是存在－缺失（presence－absence）模型。

表 7-2　**Biodiversity R 中的物种分布模型**（Kindt，2017）

模型	Method	模型	Method
随机森林	RF	DOMAIN 算法	DOMAIN
多元自适应回归样条模型	EARTH	BIOCLIM 算法	BIOCLIM
灵活的判别分析	FDA	Mahalanobis 算法	MAHAL
最大熵模型	MAXENT	人工神经网络	NNET
综合平滑估计的广义加性模型	MGCV	广义可加模型	GAM
广义线性回归模型（逐步）	GLMSTEP	增强回归树（逐步）	GBMSTEP
增强回归树	GBM	广义线性回归模型	GLM
支持向量机模型 1	SVM	Mahalanobis 算法 01	MAHAL01
广义正则化线性回归模型	GLMNET	最大似然模型	MAXLIKE
递归分区和回归树	RPART	综合平滑估计的广义加性模型	MGCVFIX
广义可加模型（逐步）	GAMSTEP	BIOCLIM 算法 01	BIOCLIM01
支持向量机模型 2	SVME		

7.3.2　物种潜在分布适宜性评价技术流程

以最大熵模型为例，运行需要两组数据。首先，准备树种和森林类型的现实分布点数据；然后，准备研究区环境因子变量，即气候、土壤、地形等环境因子，构建包含气候、土壤、地形等因子的环境变量集。通过最大熵模型预测和验证，得到树种和森林类型的潜在分布适宜性模拟结果。通过对潜在分布区的分析，实现潜在分布适宜性等级划分与制图；通过刀切法检验，筛选每个树种和森林类型的主导环境因子并进行阈值分析，总结树种和森林类型的分布与环境之间的关系，如图 7-1 所示。

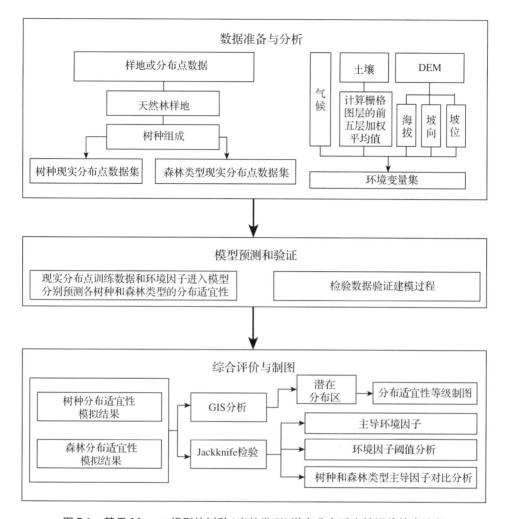

图 7-1　基于 Maxent 模型的树种(森林类型)潜在分布适宜性评价技术流程

7.4　基于机器学习的任意林地潜在生产力估计

第 2 章和第 6 章给出了林分潜在生产力的估计方法,但以上提出的方法都需要已知当前森林类型的林分高和年龄数据,只能用于现有林。对于任意林地,尤其是无林地,或者研究区的任一森林类型,因没有对应的测树数据而无法应用。因此,提出采用机器学习的方法,将现有林(固定样地或小班)数据作为训练样本,输入因子不含林分高和年龄,只包括森林类型(即林分生长类型组)和环境因子(气候、地形和土壤或部分环境因子),实现由局部到区域的任意林地任意树种和森林类型的立地质量评价。

7.4.1　主要机器学习方法

机器学习是应用计算机程序中特定算法,对数据进行自动地学习,识别复杂的模式,并给出智能判断的技术。本研究主要选择了三种机器学习方法,分别为随机森林(RF)、K

最近邻体（KNN）、支持向量机（SVM）。

（1）随机森林

随机森林（Random Forest）算法是由 Breiman 和 Cutler 在 2001 年提出的一种基于分类树的方法，他们借鉴贝尔实验室提出的随机决策树方法，把分类树组合成随机森林。随机森林中决策树构建过程中重要的环节是选择一个属性进行分枝。最初的决策树算法是 Hunt于 1962 年在研究人类的概念学习过程时提出来的"分而治之"的学习策略，在变量的使用和数据的使用上进行随机化，生成很多分类树，再汇总分类树的结果。澳大利亚 Ross Quinlan 引入了信息增益准则，形成 ID3 算法，掀起了决策树研究的热潮。后来，Breiman在机器学习杂志上发表了他和 Cultler 设计的随机森林的算法，这篇文章大量引用，成为机器学习领域的一个里程碑（李欣海，2013）。

随机森林是基于多棵决策树对样本进行训练和学习的分类器。通过训练样本的特征构建决策树，决策树上每个节点都是计算出来的该特征的最佳分裂方式。具体方法是在原始数据集中多次随机选择 n 个观测值，分别对抽样得到的每个训练集建立模型。对于若干自变量（X_1，X_2，$\cdots$，X_k）对因变量 Y 的作用。如果因变量 Y 有 n 个观测值，有 k 个自变量与之相关；没有被抽取的自然形成一个对照数据集（李欣海，2013）。在随机建模过程中会生产几百个至几千个分类树。对于每个单个生长的决策树，一旦内部节点进行分裂，在这个时间要对特征集随机抽样一次，同时要计算最优特征集的选择，从中选择重复程度最高的树以均值（回归）或者投票（分类）的方式，输出最后的结果。

它通过对大量分类树的汇总提高了模型的预测精度，并且运算量没有显著提高，是取代神经网络等传统机器学习方法的新模型。随机森林的运算速度快，在处理大量数据时表现优异。不需要顾虑一般回归分析的多元共线性的问题，可以很好地预测多达几千个自变量的作用。

（2）K 最邻近体

KNN 是 K Nearest Neighbors 的简称，即 K 最邻近，是一种常用的监督学习方法（Altman，1992；宋毅飞，2017）。工作机制简单，对于给定的测试样本，直接在训练数据集中找 K 个最近的实例，把这个新的实例分配给这 K 个训练实例中实例数最多的类。通过"投票法"找 K 个最近的实例来确定新实例的类标，解决分类问题；通过"平均法"将 K 个样本的实际值数据输出，标记的平均值作为预测结果解决回归问题。KNN 不同于贝叶斯、决策树等算法，是一种基于实例的学习算法，没有显式的训练过程，KNN 是懒惰学习的著名代表，在类标边界比较整齐的情况下分类的准确率很高。

（3）支持向量机

支持向量机（support vector machine）是一种对线性和非线性数据进行分类的方法，AT&T Bell 实验室的 Vladimir Vapnik 于 1992 年发表了第一篇支持向量机的论文，提出了针对分类和回归问题的统计学习算法，在文本分类任务中显示出卓越的性能，已经应用于手写数字识别、对象识别、人脸识别，以及基准时间序列预测检验等，很快成为机器学习的主流技术，并直接掀起了"统计学习"（statistical learning）在 2000 年前后的高潮。支持向量机基于结构风险最小化原理，通过搜索最大边缘超平面来寻找决策边界，通常借用被约束的凸二次最优化技术求解，适用于高维小样本。主要研究方向是提高训练和检验速度，使 SVM 成为支持超大型数据集一直是研究的重点。

7.4.2 应用步骤

RF、KNN、SVM 三种算法都需要经过以下步骤：首先进行数据预处理，包括特征选择，特征值处理(比如归一化)等；然后算法选择，进而训练模型，参数调整；最后进行模型验证，采用 N 折交叉验证，将数据分为 N 份，使用 $N-1$ 份做训练，使用 1 份做测试，如此循环 N 次，最后得到输出结果。

7.5 基于分布适宜性和潜在生产力的定量适地适树(林) 评价方法

基于分布和生长构建新的适地适树综合评价指标(见第二章 2.2.1 节)。首先，将物种分布模型的理论引入天然混交林的分布适宜性研究，得出天然混交林的潜在分布适宜性；然后，利用现有的天然混交林潜在生产力估算方法得到潜在生产力；接着，通过机器学习算法，将各森林类型的生长指标，拓展到任意林地的任意森林类型潜在生产力预测；最后，将潜在分布适宜性与潜在生产力相结合，进行适地适树定量研究。

也就是说，针对树种和森林类型，基于物种分布模型，探讨其对环境的适宜性；同时兼顾固定样地长期观测的树种和森林类型的生长情况和立地潜在生产力；两种方法相结合，从物种潜在分布适宜性和潜在生产力的角度，来回答定量适地适树问题。

7.6 应用案例——吉林省落叶松林适地适树研究

7.6.1 基于最大熵模型的分布适宜性

最大熵模型运行需要两组数据。首先，准备落叶松林的现实分布点数据，基于吉林省第八次一类清查的 2591 块样地数据，从中选取天然林，根据树种组成，构建落叶松天然林主要森林类型的现实分布点数据集；然后，准备研究区环境因子变量，即气候、土壤、地形等 55 个潜在环境因子，构建包含气候、土壤、地形等因子的环境变量集。通过最大熵模型预测和验证，得到树种和森林类型的潜在分布适宜性模拟结果。通过对潜在分布区的分析，实现潜在分布适宜性等级划分与制图；通过刀切法检验，筛选影响其分布的主导环境因子并进行阈值分析。

从适宜性分布的训练集(train)和检验集(test)的 AUC 值来看(图 7-2)，前者为 0.9282，后者为 0.8397，达到了极准确水平。综合训练数据集和检验数据集的 AUC 值，说明构建的最大熵模型精度高，可以用于吉林省落叶松林的适宜性分布的预测。

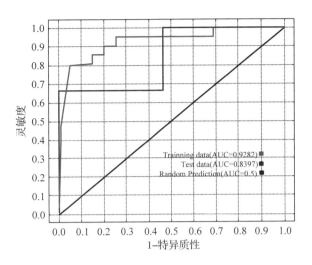

图 7-2　落叶松纯林物种分布模型 ROC 曲线

通过最大熵模型提供的刀切法模块检验，给出各环境因子对其地理分布影响的得分情况，来确定各环境因子的重要性。Jackknife 检验输出结果如图 7-3 所示，各变量线条长度代表各变量分值的大小，即线条越长该变量越重要。图中横轴表示环境因子得分值，纵轴表示各环境变量因子。深蓝色、浅蓝色和红色分别表示只有该因子的得分、除该因子以外其他变量得分之和及所有变量的得分之和。图 7-3 反映了各环境因子对落叶松纯林分布概率的重要性得分，可以看出对落叶松纯林地理分布贡献率最高的前 4 个环境因子依次为海拔、最热月的最高温度、最热季度的平均温度和季节性温度变异。前 4 个环境因子累计贡献百分比达 79.5%，而参与建模的其他 8 个环境因子的贡献百分比共计 20.5%。在这些因子中，气候因子总贡献率占 39.8%，土壤占 19.6%，地形占 40.6%，可见气候因子和地形对落叶松纯林地理分布的解释能力较好，土壤环境因子的解释能力较差。综合各环境

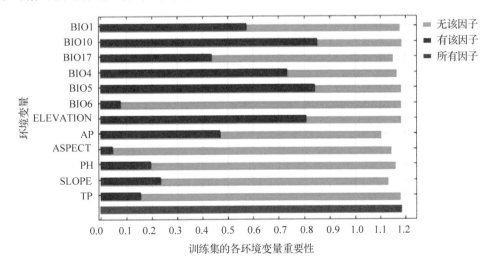

图 7-3　落叶松林环境因子与分布概率的关系

因子对落叶松纯林分布的贡献百分比及落叶松的生物学特性，确定影响落叶松纯林分布的主导因子依次为海拔、最热月温度、最热季度的平均温度、季节性温度变异。

利用建立的落叶松林分布适宜性模型，基于吉林省的气候、土壤和地形数据，得到了落叶松林的潜在分布适宜性等级图（图7-4），空间分辨率为1km×1km。可以看出，落叶松纯林的极高和高适生区很窄，在松辽平原东部和长白山中部亚区均为中低适生区。

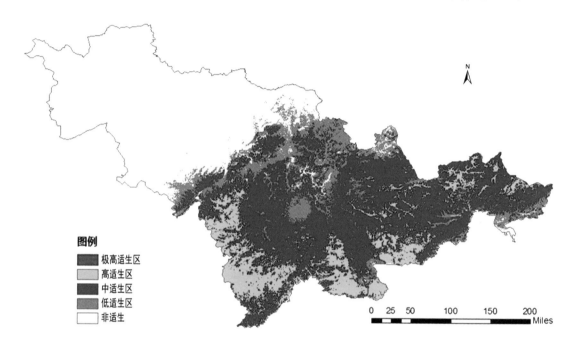

图7-4　吉林省落叶松林潜在分布适宜性等级图

7.6.2　落叶松林的潜在生产力

基于吉林省森林资源连续清查落叶松林固定样地数据，首先利用林分高生长模型将样地划分出10个立地等级，林分高生长模型表达式为

$$H_i = a_i (1 - e^{-b \cdot t_i})^{c_i} \tag{7-8}$$

式中：H_i 和 t_i 分别表示第 i 个立地等级林分的平均高和平均年龄；i 表示立地水平，$i = 1, 2, \cdots, 10$，取值越小说明立地条件越好。模型的决定系数 R^2 为 0.8535，参数估计值见表7-2，相应散点图和拟合曲线如图7-5所示。

表 7-2 落叶松林林分高生长模型参数估计值

立地等级	林分高生长模型参数		
	a_i	b	c_i
1	25.7379		0.6554
2	24.1735		0.6559
3	22.6091		0.6565
4	21.0448		0.6571
5	19.4804		0.6577
6	17.9160	0.0229	0.6582
7	16.3516		0.6588
8	14.7872		0.6594
9	13.2228		0.6599
10	11.6584		0.6605

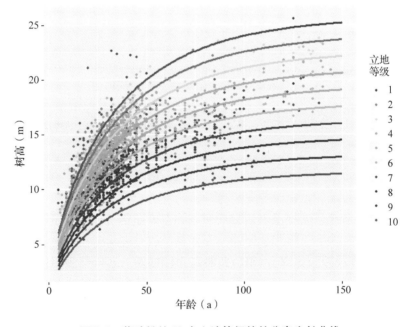

图 7-5 落叶松林 10 个立地等级的林分高生长曲线

然后以立地等级为哑变量构建林分断面积和蓄积生长模型。林分断面积和蓄积生长模型的决定系数 R^2 分别为 0.9837 和 0.9601，其表达式为

$$BA_i = a_i \left(1 - e^{-b\left(\frac{SDI_i}{2000}\right)^c \cdot t_i}\right)^d \qquad (7-9)$$

$$V_i = a_i \left(1 - e^{-b\left(\frac{SDI_i}{2000}\right)^c \cdot t_i}\right)^d \qquad (7-10)$$

式中：BA_i、V_i、SDI_i 和 t_i 分别表示第 i 个立地等级林分的断面积、蓄积、密度指数和平均年龄，i 表示立地水平，取值越小说明立地条件越好。参数估计值见表 7-3。

表7-3　落叶松林分断面积和蓄积生长模型参数估计值

立地等级	林分断面积生长模型参数				林分蓄积生长模型参数			
	a_i	b	c	d	a_i	b	c	d
1	53.4118				825.4108			
2	51.2572				707.1613			
3	49.8861				652.7844			
4	49.3997				619.7258			
5	48.8050				578.9961			
6	47.9573	0.0774	6.2222	0.1633	543.8372	0.0126	2.4076	0.4421
7	46.1464				493.9285			
8	46.0108				465.4288			
9	42.8750				387.5175			
10	40.8596				325.3070			

接着采用第六章提出的潜在生产力估计算法，得到了不同立地等级落叶松林的潜在生产力（表7-4），此处为基准年龄40a时前20的平均值。

表7-4　吉林省落叶松林不同立地等级的潜在生产力

立地等级	Max_MI[m^3/(a·hm^2)]	N_1(n/hm^2)	G_1(m^2/hm^2)	M_1(m^3/hm^2)
1	9.39	1611.07	36.56	293.00
2	7.80	1988.40	34.68	243.28
3	6.88	2206.53	33.77	214.54
4	5.83	2598.87	31.42	179.22
5	3.77	2984.33	22.94	107.62

最后进行基于机器学习的任意林地落叶松潜在生产力估计，即对于已知立地条件的无林地或对任意林地，判断其是否适宜落叶松的生长，只能通过与现有落叶松林立地的相关因子来确定。本研究提出采用机器学习的方法，将有林地数据和立地因子作为训练样本，通过任意林地立地质量评价模型描述立地因子与潜在生产力之间的关系，实现由点到面的无林地任意树种和类型的立地质量评价。选取随机森林、支持向量机、最近邻体算法构建模型。

构建区域任意林地落叶松林潜在生产力预测模型流程（图7-6），步骤为：对有林地样本数据进行预处理，同时将其按7:3比例分为训练样本和测试样本；利用训练样本筛选机器学习模型，确定精度较高的作为最后建模的模型，用测试样本验证模型的精度；对给定立地因子的立地单元，将立地属性值数据输入模型，输出该立地的潜在生产力；对影响无林地立地质量评价的立地因子进行重要性评估，分析环境因素对立地潜在生产力的影响。

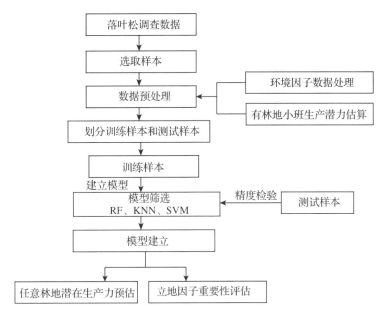

图 7-6　任意林地潜在生产力估测流程图

最终采用随机森林算法，输入变量为气候、土壤和地形等 55 个环境因子，得到 5 个立地等级的落叶松林潜在生产力（图 7-7）。

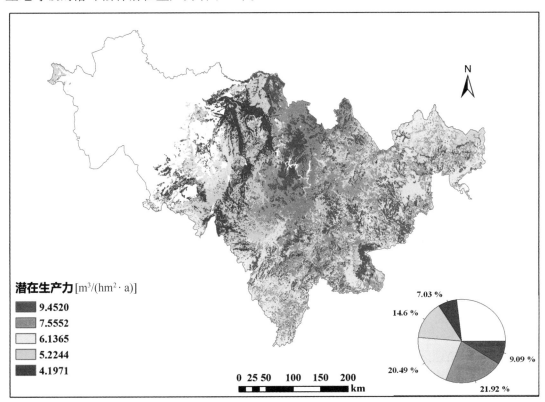

图 7-7　吉林省落叶松林不同立地等级潜在生产力分布图

101

7.6.3　落叶松林的综合适地适树评价

　　根据7.6.1中的潜在分布适宜性和7.6.2中的潜在生产力，得到落叶松林的综合适地适树指数分布图(图7-8)。可以看出，落叶松林的主要适生区在吉林省东部和南部，在局部地区，有高适生区域。

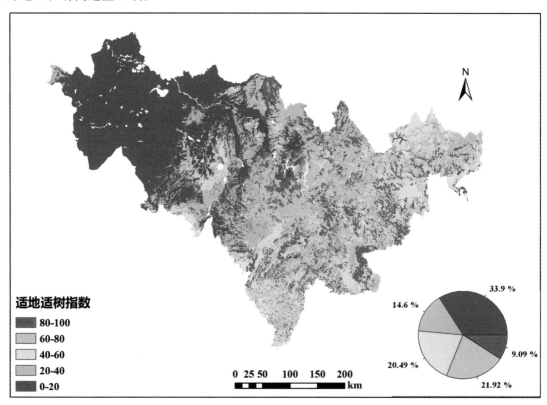

图7-8　吉林省落叶松林综合适地适树指数分布图

吉林省立地质量评价和适地适林应用

本章主要以吉林省有林地为研究对象，利用本书介绍的基于潜在生长量的立地质量评价方法，以及基于潜在生产力和分布适宜性的综合适地适林方法，进行立地质量评价和适地适林案例分析。主要内容包括基础数据和前期预处理、基于林分生长过程的生长类型划分、基于立地约束和林分高生长的立地分级、现实和潜在生产力预估、吉林省立地质量评价和制图、吉林省潜在树种(森林类型)分布适宜性预测和基于潜在树种分布和立地质量评价的树种适宜性综合评价及制图。

8.1 基础数据和前期预处理

8.1.1 数据来源

本研究共获取吉林省 41067 条样地复测数据记录，包括一类清查固定样地和部分局级固定样地。所有的固定样地分布如图 8-1 所示。

8.1.1.1 一类清查固定样地数据

本研究采用吉林省第 5~9 次森林资源连续清查的 5 期(1994—2014 年)固定样地数据，调查体系为系统抽样，按 4km×8km 网格布点，调查间隔为 5 年，样地形状为长方形，其面积为 0.06hm²。样地的调查因子主要有样地号、调查时间、优势木树种、起源、坡度、海拔、坡向、坡位、土壤(类型和厚度)、腐殖质层厚度、年龄、胸径、树高、立木类型等。其中乔木林的平均年龄则采用主林层优势树种的平均年龄，而平均树高的调查则是依据平均胸径大小，在主林层优势树种中选择 3~5 株平均样木，测定它们的树高，并利用算术平均法获取平均树高。

8.1.1.2 二类调查局级固定样地数据

本研究主要收集了吉林省国有林业局的部分局级固定样地数据，以林业局为抽样总体，采用系统抽样法，调查间隔为 10 年，样地形状为长方形，其面积为 0.06hm²。样地的

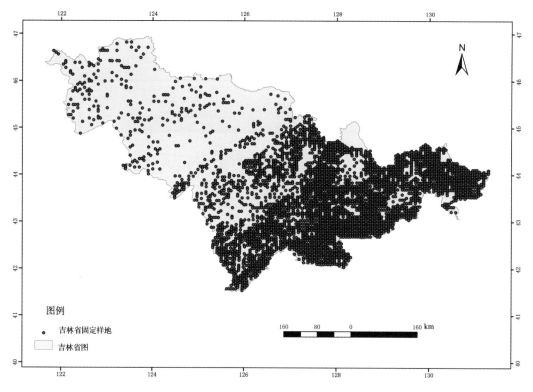

图 8-1 研究区吉林省固定样地分布图

调查因子主要有样地号、调查时间、树种、起源、坡度、海拔、坡向、坡位、土壤（类型和厚度）、腐殖质层厚度、年龄、胸径、树高、立木类型等。其中乔木林的平均年龄和平均树高确定方法与一类清查固定样地一致。

8.1.2 数据整理

根据样地每木调查数据和样地基本情况调查数据，利用第 3 章中的数据处理方法，统计得到样地因子：样地号、调查时间、优势树种、林分平均年龄、平均高、平均胸径、断面积、蓄积、株数、起源、树种组成、森林类型、林分密度指数、海拔、坡度、坡向、坡位、土壤类型和厚度、腐殖质层厚度和枯枝落叶厚度等。其中立地因子分级标准见表 8-1。

表 8-1 立地因子分级标准

1 海拔	200m 一个等级
2 坡度	10 度一个等级
3 坡向	1. 阳坡：136°－225°（南坡） 2. 半阳：226°－270°，91°－135°（东坡、东南坡、西南坡） 3. 阴坡：316°－45°（北坡） 4. 半阴：271°－315°，46°－90°（西坡、西北坡、东北坡） 5. 无坡向

（续）

4 坡位	1. 脊部 2. 上坡 3. 中坡：包括全坡 4. 下坡 5. 山谷 6. 平地	
5 土层厚度	20cm 一个等级	
6 土壤类型	暗棕壤、黑钙土、栗钙土、沼泽土、水稻土、黑土、白浆土、草甸土、盐土、碱土、风沙土、火山灰土	
7 腐殖质层厚度	薄：0~10cm；中：10~20cm；厚：≥30cm	

8.2　基于生长过程的林分生长类型组划分

按第五章中的分类方法，采用树种组成达到65%（某一树种占比大于65%为纯林）的标准，进行林分生长类型组划分，重点是混交林的类型划分。基于吉林省28975个混交林样地数据，将混交林（针叶混交林、针阔混交林和阔叶混交林）划分成8个林分生长类型组。其中针叶混交林2类，其林分特征为：第1类命名为云冷杉红松针叶混交林，以云杉、冷杉和红松为主，占6成以上，伴随阔叶树种枫桦和椴树；第2类落叶松樟子松针叶混交林，以落叶松、樟子松和黑松为主，占5~7成，混生阔叶树种白桦和栎类。针阔混交林3类，其林分特征为：第3类红松阔叶林，以红松为主体，占3~5成，伴随阔叶树种椴树、栎类等；第4类落叶松阔叶林，以落叶松为主体，占4~6成，混生着樟子松、白桦、栎类等；第5类云冷杉阔叶林，以冷杉和云杉为主体，占5~8成，伴随着枫桦、椴树。阔叶混交林3类，其林分特征为：第6类栎类阔叶混交林，以栎类和椴树为主，占7~9成；第7类水胡黄硬阔混交林，以胡桃楸、榆树、枫桦、水曲柳和黄波罗为主，占7~9成；第8类杨桦林，以白桦、杨树和柳树为主，占6~8成。这8类林分生长类型组不仅区分出了吉林省常见的混交森林类型，而且通过数量精确衡量了不同混交森林类型生长过程之间的差异，丰富了对混交森林类型生长规律的认识。结合现有的纯林结果，得到13种林分生长类型组（表8-2）。

表8-2　吉林省林分生长类型组

序号及优先级	森林类型	林分生长类型组	组成特征及划分条件	基准年龄
1	针阔混交林	红松阔叶林	1. 第一组成树种为红松；或 2. 第一组成树种不限，但第二组成树种为红松且达到2成	60
2	阔叶混交林	水胡黄阔叶混交林	1. 第一组成树种为胡桃楸、榆树、枫桦、水曲柳或黄波罗；或 2. 第一组成树种为椴树，第二组成树种为枫桦；或 3. 第一组成树种为色木，第二组成树种为胡桃楸或榆树	40

（续）

序号及优先级	森林类型	林分生长类型组	组成特征及划分条件	基准年龄
3	阔叶混交林	栎类椴树阔叶混交林	1. 第一组成树种为栎类；或 2. 第一组成树种为椴树，第二组成树种为栎类或色木；或 3. 第一组成树种为色木，第二组成树种为栎类或椴树	40
4	针阔混交林	云冷杉阔叶针阔混交林	1. 第一组成树种为冷杉、云杉、枫桦或椴树	40
5	针叶混交林	云杉冷杉针叶混交林	1. 第一组成树种为云杉或冷杉；或 2. 第一组成树种为红松，第二组成树种为云杉或冷杉	40
6	针阔混交林	落叶松白桦针阔混交林	1. 第一组成树种为落叶松、白桦、栎类或樟子松	40
7	针叶混交林	落叶松樟子松针叶混交林	1. 第一组成树种为落叶松、樟子松、黑松或赤松；或 2. 第一组成树种为红松，第二组成树种为落叶松、樟子松、黑松或赤松	40
8	阔叶混交林	白桦杨树阔叶混交林	第一组成树种为白桦或杨树	40
9		蒙古栎纯林	蒙古栎组成占65%以上	40
10		落叶松纯林	落叶松组成占65%以上	40
11	纯林	樟子松纯林	樟子松组成占65%以上	40
12		白桦纯林	白桦组成占65%以上	40
13		杨树纯林	杨树组成占65%以上	20

8.3 基于林分高生长的立地等级划分

按照第四章提出的基于林分高生长的立地分级划分方法，进行吉林省13个林分生长类型组立地等级划分。共选择10个立地等级，林分高生长模型选用Richards形式，表达式如下：

$$H = 1.3 + (a + \sum_{m=1}^{10} (m-1) \cdot d \cdot L_m) (1 - e^{-b \cdot T})^c + \varepsilon \qquad (8-1)$$

式中：H为林分平均高，T为林分平均年龄，a，b，c为模型参数，d为参数级距离，$L_m = 1$为属于立地等级m，$L_m = 0$为不属于立地等级m，$m = 1, 2, \cdots, 10$。

拟合得到13个林分生长类型组10个立地等级上的树高生长曲线，如图8-2所示。可以看出，模型的确定系数在0.95~0.99之间，较好地描述了不同立地等级的生长过程和差异。

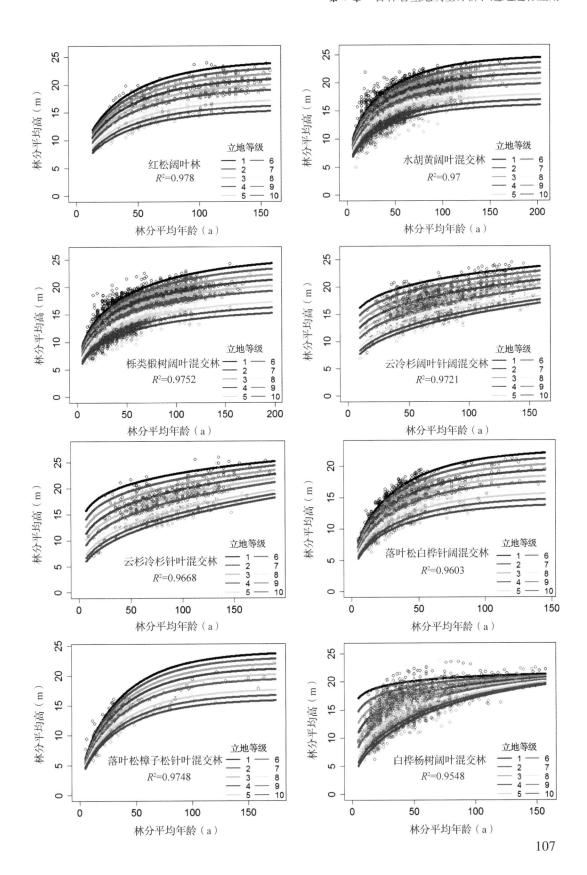

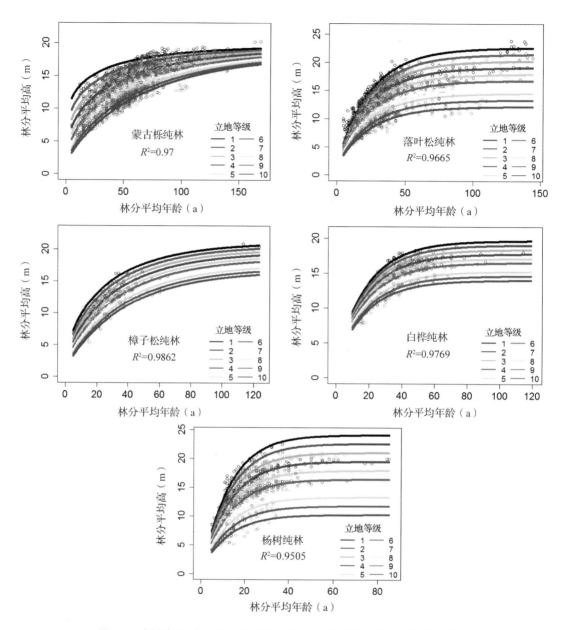

图 8-2　吉林省 13 个林分生长类型组 10 个立地等级的林分高生长曲线

8.4　潜在生产力估算

8.4.1　基础模型

林分断面积和蓄积生长模型采用 Richards 生长方程，表达式分别如下：

$$BA = \left(b_1 + \sum_{m=1}^{5} (m-1) \cdot d_1 \cdot L_m\right) \left(1 - e^{-b_2 \cdot (S/Sbase)^{b_3} \cdot T}\right)^{b_4 + \sum_{m=1}^{5} (m-1) \cdot d_2 \cdot L_m} \quad (8-2)$$

$$V = \left(b_1 + \sum_{m=1}^{5} (m-1) \cdot d_1 \cdot L_m\right) \left(1 - e^{-b_2 \cdot (S/Vbase)^{b_3} \cdot T}\right)^{b_4 + \sum_{m=1}^{5} (m-1) \cdot d_2 \cdot L_m} \quad (8-3)$$

式中：BA、V、S、T 分别为林分断面积、蓄积、密度指数和平均年龄，$Sbase$ 和 $Vbase$ 为常数，b_1，b_2，b_3，b_4 为模型参数，d_1，d_2 为参数级距离，$L_m = 1$ 为属于立地等级 m，$L_m = 0$ 为不属于立地等级 m，$m = 1,2,\cdots,10$。

图 8-3 为 13 个林分生长类型组 10 个立地等级上的林分断面积和蓄积生长曲线。可以看出，模型的确定系数都在 0.95 以上，较好地描述了不同立地等级的林分断面积和蓄积生长过程，不同立地等级间差异明显。

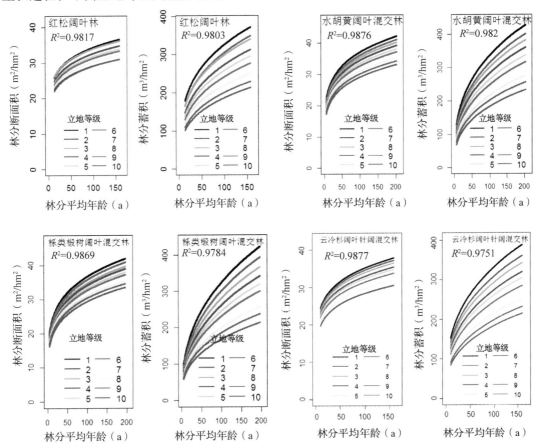

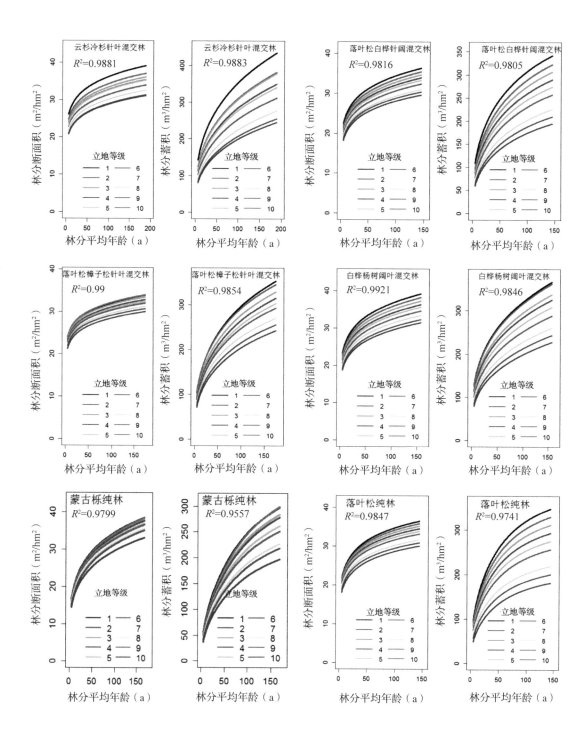

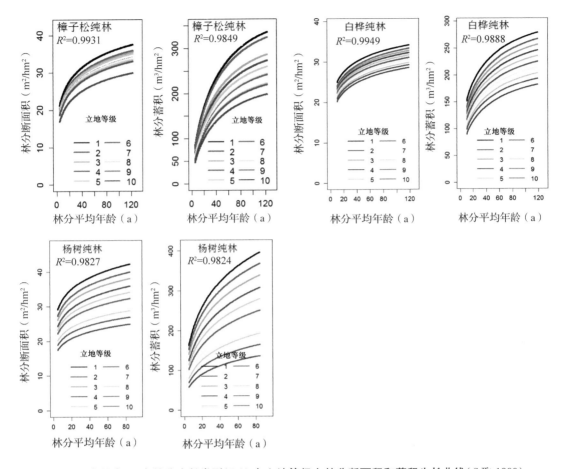

图 8-3　吉林省 13 个林分生长类型组 10 个立地等级上林分断面积和蓄积生长曲线(S 取 1000）

8.4.2　林分生长类型组潜在生产力估算

　　基于以上林分平均高、断面积和蓄积生长模型，利用第 6 章提出的潜在生产力估计算法，得到吉林省 13 个林分生长类型组 10 个立地等级的蓄积潜在生产力。为了便于应用，将 10 个亚立地等级合并为 5 个立地等级（图 8-4）。由于蓄积潜在生产力与年龄有关，故给出了 10 年至基准年龄时平均蓄积潜在生产力、基准年龄时的蓄积潜在生产力、最优密度、林分断面积和蓄积（表 8-3）。

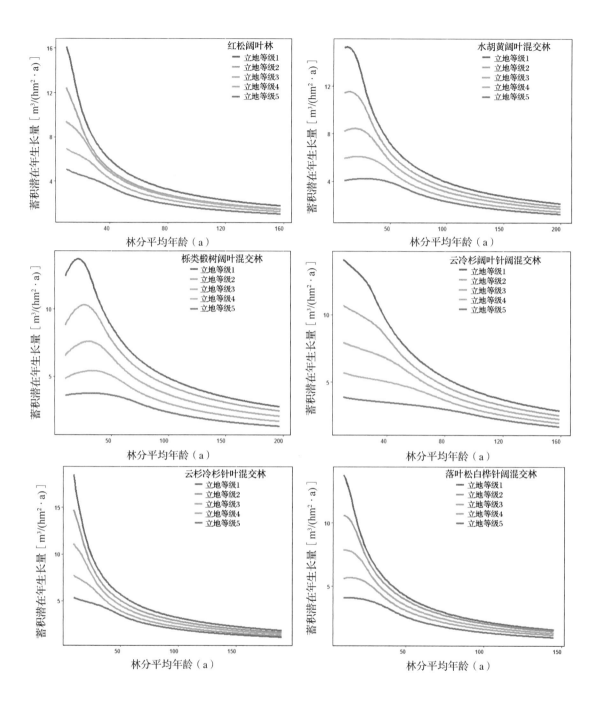

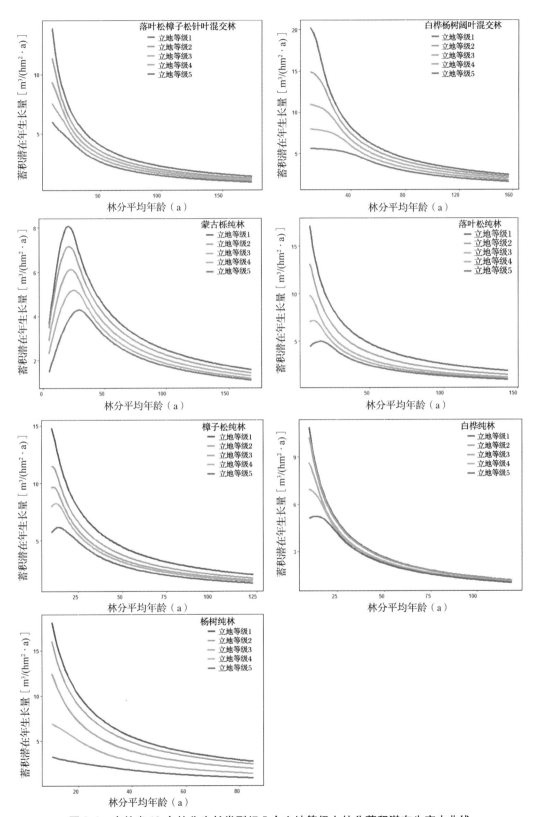

图 8-4 吉林省 13 个林分生长类型组 5 个立地等级上林分蓄积潜在生产力曲线

表 8-3　吉林省 13 个林分生长类型组 5 个立地等级潜在生产力表

优先级	林分生长类型组	立地等级	10 年至基准年龄	基准年龄			
			潜在生产力 [m³/(hm²·a)]	潜在生产力 [m³/(hm²·a)]	林分密度 (株/hm²)	林分断面积 (m²/hm²)	林分蓄积量 (m³/hm²)
1	红松阔叶林	1	7.90	4.22	1198	40.73	345.62
		2	6.60	3.60	1381	40.11	318.06
		3	5.95	3.44	1669	37.77	276.00
		4	4.88	3.01	1987	36.19	245.47
		5	3.79	2.51	2378	35.06	215.13
2	水胡黄阔叶混交林	1	12.58	8.73	2057	54.16	420.70
		2	10.29	7.78	2507	51.75	378.87
		3	8.05	6.92	2968	47.57	323.23
		4	5.96	5.61	3000	38.55	241.27
		5	4.17	4.13	3000	29.51	167.64
3	柞类椴树阔叶混交林	1	12.71	10.44	2509	59.45	437.89
		2	9.82	9.19	2965	55.28	371.88
		3	7.30	7.31	3000	45.73	281.14
		4	5.26	5.36	3000	36.77	205.89
		5	3.69	3.71	3000	29.06	148.35
4	云冷杉阔叶针阔混交林	1	12.20	9.47	2493	59.53	463.20
		2	9.69	8.30	2887	55.99	402.80
		3	7.37	6.76	3000	46.63	314.54
		4	5.34	5.03	3000	36.33	227.32
		5	3.66	3.50	3000	27.08	155.58
5	云杉冷杉针叶混交林	1	10.94	6.84	1570	46.63	368.82
		2	9.57	6.10	1820	44.85	329.20
		3	8.13	5.47	2161	42.98	294.98
		4	6.40	4.77	2645	40.87	257.27
		5	4.75	4.11	3000	35.65	207.72
6	落叶松白桦针阔混交林	1	8.52	5.16	1457	35.03	260.30
		2	7.55	4.79	1748	33.53	232.63
		3	6.30	4.27	2090	32.17	207.45
		4	5.05	3.78	2523	30.74	181.85
		5	3.80	3.16	2939	28.77	154.53
7	落叶松樟子松针叶混交林	1	7.77	4.82	1597	36.08	267.51
		2	6.80	4.26	1788	35.70	249.09
		3	6.06	3.88	2017	34.76	231.45
		4	5.30	3.52	2285	33.80	213.24
		5	4.46	3.14	2600	32.96	194.60

（续）

优先级	林分生长类型组	立地等级	10 年至基准年龄	基准年龄		
			潜在生产力 [m³/(hm²·a)]	潜在生产力 [m³/(hm²·a)]	林分密度（株/hm²）	林分断面积（m²/hm²）	林分蓄积量（m³/hm²）
8	白桦杨树阔叶混交林	1	13.33	8.20	1637	53.01	411.90
		2	11.33	7.46	2011	50.39	374.70
		3	9.28	6.71	2438	48.07	337.01
		4	7.32	5.98	2926	45.93	300.59
		5	5.39	4.96	3000	36.73	223.77
9	蒙古栎纯林	1	6.89	5.35	1788	30.40	178.37
		2	6.21	4.89	1920	30.01	170.06
		3	5.39	4.44	2129	28.96	155.45
		4	4.62	4.05	2400	27.95	141.37
		5	3.74	3.75	2778	25.51	120.74
10	落叶松纯林	1	9.45	5.80	1003	25.58	200.43
		2	7.56	4.62	1137	25.42	183.84
		3	6.14	3.79	1315	24.84	164.61
		4	5.22	3.37	1596	23.56	140.03
		5	4.20	3.00	1977	22.17	114.85
11	樟子松纯林	1	8.64	5.38	837	25.11	192.28
		2	7.26	4.56	976	24.15	163.02
		3	6.44	4.09	1065	23.65	146.12
		4	5.89	3.82	1210	22.91	136.43
		5	4.90	3.40	1558	21.69	121.54
12	白桦纯林	1	5.60	3.25	950	24.68	184.51
		2	5.45	3.18	1126	23.59	167.32
		3	4.97	2.93	1310	22.73	153.04
		4	4.65	2.86	1573	21.58	136.60
		5	4.14	2.75	1894	20.50	120.70
13	杨树纯林	1	13.39	10.09	840	38.92	289.60
		2	11.89	8.97	1288	34.71	242.43
		3	9.44	7.17	2010	31.38	199.60
		4	6.04	5.10	2942	26.84	149.02
		5	2.92	2.63	3000	17.00	77.10

8.5　落实到小班的立地质量评价——以汪清林业局为例

对于现有林的立地质量评价，包括以下 5 个步骤：

第一步：依据表 8-2 确定小班的林分生长类型组；

第二步：基于小班所在的林分生长类型组的林分平均年龄、平均高、立地因子(海拔、坡向、坡度、坡位和土壤厚度)，利用第 4 章中的立地分级方法，确定该小班所在的林分生长类型组的立地等级；

第三步：根据表 8-3，即可得到该小班基准年龄时的蓄积潜在生产力；

第四步：根据潜在生长力数表，即可得到该小班当前年龄时的蓄积潜在生产力；

第五步：根据蓄积现实生产力，最终可以计算出该小班当前年龄的潜力提升空间。

基于上述步骤，结合实际调查数据，得到汪清林业局现有林的现实生产力、当前年龄的潜在生产力、基准年龄时的潜在生产力和当前年龄时的潜在提升空间图(图 8-5 至图 8-7)。

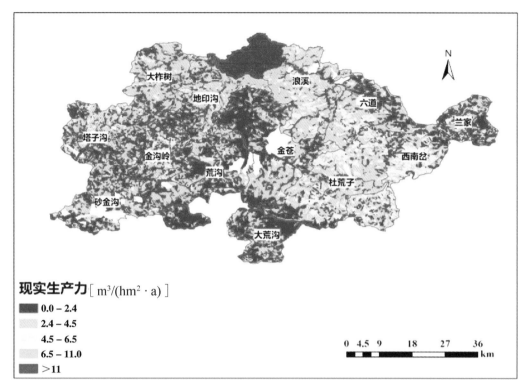

图8-5 吉林省汪清林业局各小班当前年龄现实生产力分布图

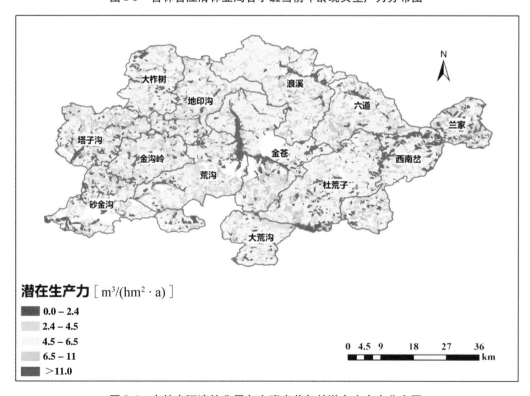

图8-6 吉林省汪清林业局各小班当前年龄潜在生产力分布图

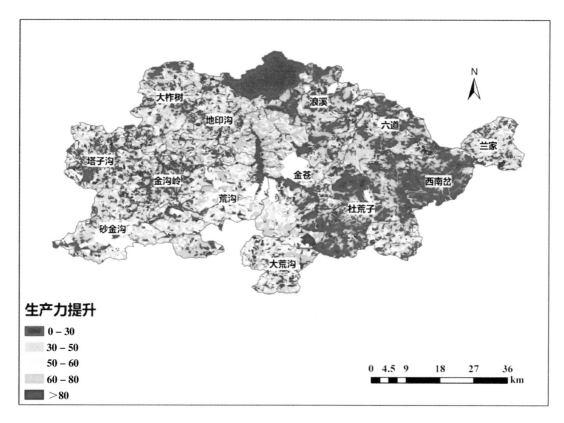

图 8-7 吉林省汪清林业局各小班当前年龄生产力提升空间分布图

8.6 基于随机森林的吉林省任意林地立地质量评价制图

在进行立地质量评价时，希望知道所有树种或森林类型在每个地块的潜在生产力。对无林地或部分现有林，由于无法获得测树因子，很难通过 8.5 节中的方法来进行立地质量评价。因此，需采用机器学习，例如随机森林法（RF）、K 最近邻体算法（KNN）和支持向量机法（SVM）等方法，建立只含环境因子的预测模型来实现对任一地块每个林分生长类型组的潜在生产力估计。

本研究通过机器学习的方法对于吉林省所有的有林地样地进行分析，采用随机森林方法，将林分生长类型组和立地因子（海拔、坡向、坡度、坡位）、土壤和气候因子（见第 2 章）作为输入，潜在生产力作为输出。将样地按 7∶3 比例分为训练样本和测试样本，建立模型实现所有地块任意林分生长类型组的潜在生产力估计。表 8-4 给出了 13 个林分生长类型组的建模结果。可以看出，除落叶松樟子松针叶混交林和樟子松纯林外，其它类型的模型训练结果都较好，可用于吉林省任意立地林分生长类型组的立地质量评价和制图（图 8-8 和图 8-9）。

117

表8-4　基于机器学习的林分潜在生产力估计模型结果

林分生长类型组	样本量	机器学习方法	评价指标	
			精度	Kappa 系数
栎类椴树阔叶混交林	8647	RF	0.7909 ± 0.0114	0.6487 ± 0.0196
水胡黄阔叶混交林	8632	RF	0.7976 ± 0.0130	0.6789 ± 0.0218
白桦杨树阔叶混交林	5110	RF	0.8084 ± 0.0200	0.6881 ± 0.0338
云杉冷杉针叶混交林	951	RF	0.7729 ± 0.0511	0.6784 ± 0.0732
落叶松樟子松针叶混交林	434	RF	0.7085 ± 0.0464	0.5661 ± 0.070
红松阔叶林	788	RF	0.7539 ± 0.0650	0.6510 ± 0.0901
落叶松白桦针阔混交林	1951	RF	0.7519 ± 0.0348	0.6156 ± 0.0533
云冷杉阔叶针阔混交林	2040	RF	0.7821 ± 0.0327	0.6815 ± 0.0485
落叶松纯林	2708	RF	0.7823 ± 0.0274	0.6640 ± 0.0433
杨树纯林	1106	RF	0.7875 ± 0.0333	0.6351 ± 0.0533
樟子松纯林	375	RF	0.7241 ± 0.0615	0.5887 ± 0.0977
白桦纯林	665	RF	0.7653 ± 0.0473	0.6419 ± 0.0743
蒙古栎纯林	5098	RF	0.8142 ± 0.0125	0.7179 ± 0.0200

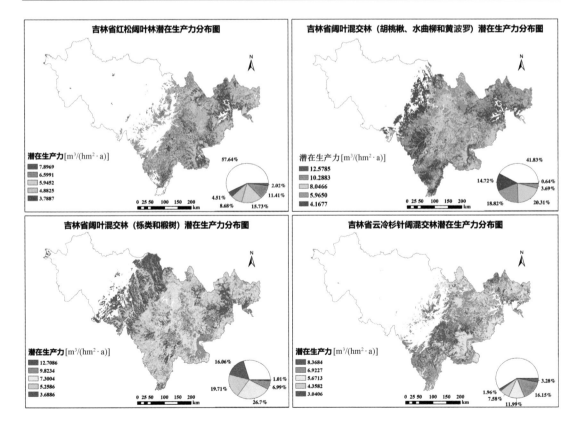

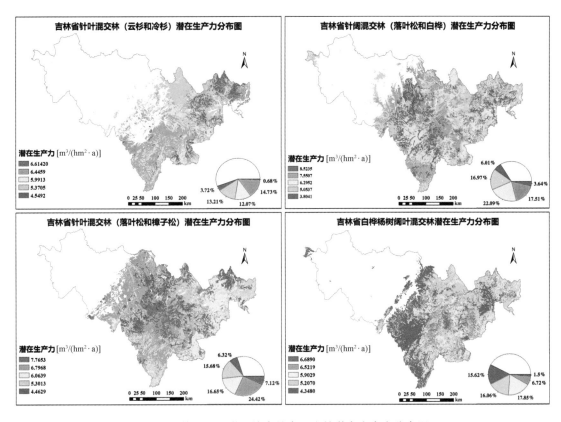

图 8-8　基于机器学习的吉林省混交林潜在生产力分布图

8.7　基于物种分布模型的吉林省林分生长类型组分布适宜性评价

如第七章所述，由于不同物种分布模型的结果有差异，本研究利用 BiodiversityR(2.8 - 4 版本，2017)物种分布综合模型程序包来实现多个模型结果的集成。它是基于 23 个物种分布模型，通过各模型得到的适宜性的加权平均值来计算物种分布的综合适宜性。

模型输入变量包括 13 个林分生长类型组的分布点和代表环境因子的栅格图层。首先调取环境栅格图层和样点分布数据集。然后通过 dismo∷randomPoints 函数随机生成 1000 个缺失样点数据。最后基于 ensemble. batch 函数最终得到综合适宜性分布图。环境变量筛选时，为了避免因子间的共线性，把方差膨胀因子(VIF)值大于 10 的环境变量剔除。分布适宜性的阈值(存在 - 缺失阈值)是通过真阳性率和假阳性率的和的最大值来确定(threshold. method = 'spec_ sens')。筛选 AUC 值最高的 10 个分布模型，用其加权平均来得到综合适宜性(ensemble suitability)。

8.7.1　模型精度

如表 8-5 所示，13 个林分生长类型组的综合分布适宜性模型 AUC 值为 0.83 ~ 0.97，

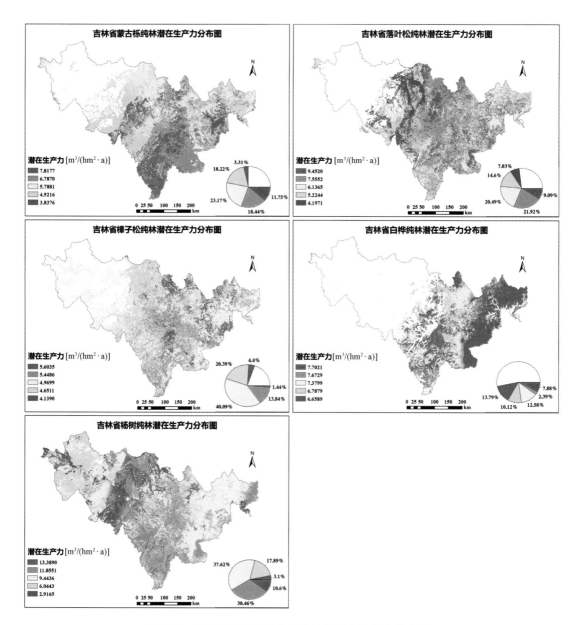

图8-9　基于机器学习的吉林省纯林潜在生产力分布图

除杨树纯林 AUC 值为 0.83 外，其余类型均达到 0.9 以上。不同类型的贡献模型 AUC 值均达到 0.7 以上。红松阔叶林为 0.92～1.0，水胡黄阔叶混交林为 0.81～1.0，栎类椴树阔叶混交林为 0.81～1.00，云冷杉阔叶针阔混交林为 0.92～0.96，云杉冷杉针叶混交林为 0.93～1.00，落叶松白桦针阔混交林为 0.83～1.00，落叶松樟子松针叶混交林为 0.80～1.00，白桦杨树阔叶混交林为 0.87～1.00，蒙古栎纯林为 0.82～1.00，落叶松纯林为 0.79～1.00，樟子松纯林为 0.77～1.00，白桦纯林为 0.87～1.00，杨树纯林为 0.70～1.00。

表 8-5 不同林分生长类型组各物种分布模型的 AUC 值

模型	林分生长类型组 AUC												
	S1	S2	S3	S4	S5	S6	S7	S8	S9	S10	S11	S12	S13
ENSEMBLE	0.97	0.95	0.95	0.96	0.97	0.93	0.92	0.95	0.92	0.93	0.91	0.96	0.83
RF	1.00	1.00	1.00	0.90	1.00	1.00	1.00	1.00	1.00	1.00	1.00	1.00	1.00
EARTH	0.93	0.85	0.82	0.94	0.95	0.86	0.86	0.91	0.88	0.83	0.85	NA	0.75
FDA	0.93	0.84	0.81	0.93	0.94	0.85	0.84	0.90	0.88	0.80	0.84	0.89	0.74
MAXENT	0.93	0.84	0.82	0.92	0.94	0.85	0.85	0.90	0.87	0.80	0.82	0.89	0.72
MGCV	0.93	0.84	0.82	0.93	0.94	0.85	0.83	0.89	0.87	0.80	0.79	0.89	0.71
GLMSTEP	0.93	0.83	0.81	0.93	0.94	0.84	0.83	0.89	0.87	0.79	0.78	0.87	0.70
GBM	0.96	0.92	0.9	0.96	0.97	0.92	0.92	0.94	NA	0.89	0.92	0.95	NA
SVM	0.95	0.88	0.83	0.93	0.94	0.86	0.86	0.90	0.89	0.84	NA	0.89	0.74
GLMNET	NA	NA	NA	0.92	0.93	0.83	NA	0.87	0.82	NA	0.77	NA	–
RPART	0.95	NA	0.95	NA	NA	0.95	NA	NA	NA	0.94	NA	0.96	NA
GAMSTEP	NA	NA	NA	0.92	0.93	NA	0.80	NA	0.82	NA	0.78	0.89	–
SVME	NA	NA	NA	NA	NA	NA	NA	0.89	0.85	0.79	0.80	0.90	–
DOMAIN	NA	NA	NA	NA	NA	NA	NA	NA	NA	NA	NA	NA	NA
BIOCLIM	0.92	0.81	NA	NA	NA	NA	NA	NA	NA	NA	NA	NA	NA
MAHAL	NA	1.00	1.00	NA	NA	NA	1.00	NA	NA	NA	NA	NA	NA
NNET	NA	NA	NA	NA	NA	NA	NA	NA	NA	NA	NA	NA	NA
GAM	NA	NA	NA	NA	NA	NA	NA	NA	NA	NA	NA	NA	NA
GBMSTEP	NA	NA	NA	NA	NA	NA	NA	NA	NA	NA	NA	NA	NA
GLM	NA	NA	NA	NA	NA	NA	NA	NA	NA	NA	NA	NA	NA
MAHAL01	NA	NA	NA	NA	NA	NA	NA	NA	NA	NA	NA	NA	NA
MAXLIKE	NA	NA	NA	NA	NA	NA	NA	NA	NA	NA	NA	NA	NA
MGCVFIX	NA	NA	NA	NA	NA	NA	NA	NA	NA	NA	NA	NA	NA
BIOCLIM. O	NA	NA	NA	NA	NA	NA	NA	NA	NA	NA	NA	NA	NA

注：S1，S2，S3，…，S13 分别表示各林分生长类型组的优先级别，具体为：S1 – 红松阔叶林；S2 – 水胡黄阔叶混交林；S3 – 柞类椴树阔叶混交林；S4 – 云冷杉阔叶针阔混交林；S5 – 云杉冷杉针叶混交林；S6 – 落叶松白桦针阔混交林；S7 – 落叶松樟子松针叶混交林；S8 – 白桦杨树阔叶混交林；S9 – 蒙古柞纯林；S10 – 落叶松纯林；S11 – 樟子松纯林；S12 – 白桦纯林；S13 – 杨树纯林。

8.7.2 模型贡献

如表 8-6，13 个林分生长类型组适宜分布图的主要贡献模型有 RF、FDA、MAXENT、MGCV、GLMSTEP、EARTH、GBM、SVM、GLMNET、RPART、GAMSTEP、SVME、DO-MAIN、BIOCLIM、MAHAL、NNET。贡献值为 0.05 ~ 0.11。各森林类型综合分布适宜性的贡献模型不同，其中 RF、FDA、MAXENT、MGCV、GLMSTEP 是所有 13 个林分生长类型组分布适宜性的贡献模型。

表8-6　不同林分生长类型组各模型贡献(权重)

模型	林分生长类型组												
	S1	S2	S3	S4	S5	S6	S7	S8	S9	S10	S11	S12	S13
RF	0.10	0.11	0.10	0.10	0.10	0.08	0.10	0.10	0.10	0.11	0.11	0.10	0.10
EARTH	0.07	0.05	0.05	0.07	0.10	0.05	0.10	0.07	0.10	0.08	0.10	0.05	0.07
FDA	0.10	0.07	0.10	0.10	0.10	0.07	0.08	0.10	0.10	0.10	0.10	0.10	0.11
MAXENT	0.10	0.10	0.10	0.10	0.10	0.10	0.10	0.10	0.10	0.10	0.10	0.10	0.11
MGCV	0.10	0.10	0.10	0.10	0.10	0.10	0.10	0.10	0.10	0.10	0.07	0.10	0.11
GLMSTEP	0.10	0.10	0.10	0.08	0.10	0.10	0.10	0.10	0.10	0.07	0.07	0.07	0.09
GBM	0.10	0.10	0.10	0.10	0.10	0.10	0.10	0.10		0.10	0.11	0.10	
SVM	0.10	0.08	0.10	0.07	0.07	0.08	0.10	0.10				0.10	0.10
GLMNET				0.08	0.10	0.10	0.05	0.07	0.05		0.07	0.10	0.07
RPART	0.07		0.07			0.10				0.05			0.05
GAMSTEP				0.10	0.07		0.10		0.05		0.07		
SVME								0.08	0.10	0.05	0.05	0.10	0.05
DOMAIN													
BIOCLIM	0.07	0.05											
MAHAL		0.10	0.07										
NNET													
GAM													
GBMSTEP													
GLM													
MAHAL01													
MGCVFIX													
MAXLIKE													
BIOCLIM. O													

注：S1，S2，S3，…，S13分别表示各林分生长类型组的优先级别，具体为：S1-红松阔叶林；S2-水胡黄阔叶混交林；S3-栎类椴树阔叶混交林；S4-云冷杉阔叶针阔混交林；S5-云杉冷杉针叶混交林；S6-落叶松白桦针阔混交林；S7-落叶松樟子松针叶混交林；S8-白桦杨树阔叶混交林；S9-蒙古栎纯林；S10-落叶松纯林；S11-樟子松纯林；S12-白桦纯林；S13-杨树纯林。

8.7.3　主导环境因子

从表8-7可以看出，13个林分生长类型组综合适宜性分布的环境贡献因子为海拔(altitude)、气温季节性变动系数(bio4)、最冷月的最低气温(bio6)、年降水(bio12)、可交换的氢离子(H^+)、可交换的铝离子(Al^{3+})、速效氮(AN)。其中红松阔叶林、云冷杉针叶混交林、落叶松樟子松针阔混交林和白桦杨树阔叶混交林适宜性分布的主导环境因子为地形和气候，包括海拔、气温季节性变动系数(bio4)、最冷月的最低气温(bio6)、年降水

（bio12），各类型环境解释率分别为 98.6%、99.1%、98.1% 和 98.5%。水胡黄阔叶混交林和柞类椴树阔叶混交林适宜性分布的主导环境因子为海拔、气温季节性变动系数（bio4）、最冷月的最低气温（bio6），其主导环境解释率为 93.5% 和 93.6%。云冷杉阔叶混交林和蒙古栎纯林主导环境因子为海拔、气温季节性变动系数（bio4）和年降水（bio12），其主导环境解释率分别为 98% 和 91.5%。落叶松纯林、樟子松纯林和白桦纯林的主导环境因子为海拔、最冷月的最低气温（bio6）、年降水（bio12），其主导环境解释率分别为 86.7%、80.1% 和 96.2%。落叶松和白桦针阔混交林主导环境因子为海拔，解释率为 89%。杨树纯林主导环境因子为海拔、年降水（bio12）和可交换的氢离子，解释率为 91.3%。

表 8-7　吉林省 13 个林分生长类型组综合分布适宜性环境因子贡献　　　　%

林分生长类型组	altitude	bio4	bio6	bio12	H⁺	Al³⁺	AN
红松阔叶林	72.7	14.1	5.9	5.9	0.5		0.9
水胡黄阔叶混交林	65.7	10.4	17.4	1.7	4.8		
柞类椴树阔叶混交林	84.9	4.2	4.5	2.1	0.8	1.3	2.3
云冷杉阔叶针阔混交林	82.6	11.5	1.3	3.9	0.5		0.3
云杉冷杉针叶混交林	64.5	25.1	4.9	4.6	0.3	0.1	0.6
落叶松白桦针阔混交林	89.0	2.9	2.9	2.5	2.2		0.5
落叶松樟子松针叶混交林	42.8	4.2	14.7	36.4	0.5	0.7	0.6
白桦杨树阔叶混交林	85.9	5.3	2.5	4.8	1.3		0.1
蒙古栎纯林	30.0	47.3		14.2	5.8	2.2	0.5
落叶松纯林	64.3	4.5	9.8	12.6	3.5	2.7	2.7
樟子松纯林	13.8	5.0	24.9	41.4	7.2	7.6	
白桦纯林	88.7	0.7	4.7	2.8	2.1	0.8	0.2
杨树纯林	55.9	1.9	1.2	16.3	19.1	3.5	2.2

8.7.4　吉林省 13 个林分生长类型组的分布适宜性及制图

根据物种分布综合集成模型的结果，输入地形、土壤和气候因子，就可以得到吉林省 13 个林分生长类型组的分布适宜性图，包括 8 种混交林和 5 种纯林。综合适宜性等级分布图是基于各森林类型综合适宜性等级均划分为 5 级，分别为非适生区（0～0.05）、低适生区（0.05～0.20）、中适生区（0.20～0.50）、高适生区（0.50～0.80）和极高适生区（0.80～1.00），如图 8-10 和图 8-11 所示。

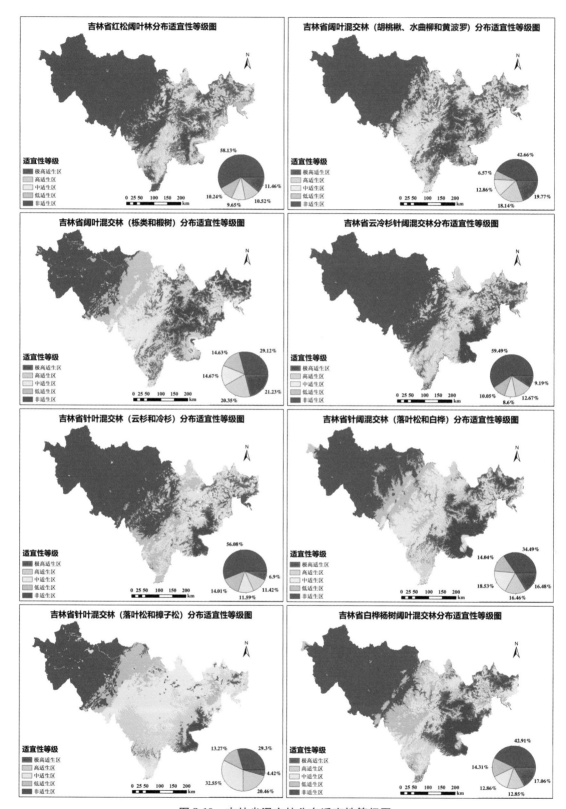

图 8-10 吉林省混交林分布适宜性等级图

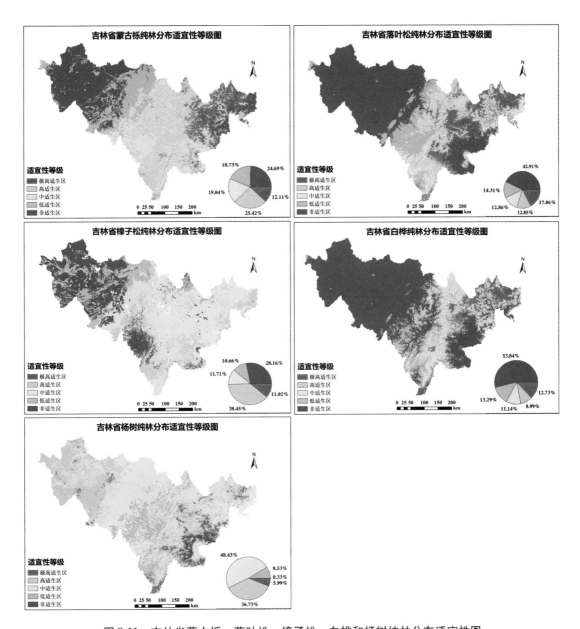

图 8-11　吉林省蒙古栎、落叶松、樟子松、白桦和杨树纯林分布适宜性图

8.8　基于分布适宜性和潜在生产力的森林—立地适宜性综合评价

由以上可知，在 8.6 节，得到了吉林省 13 种林分生长类型组的潜在生产力分布图；在 8.7 节，得到了吉林省 13 种林分生长类型组的分布适宜性图；根据 2.2 节的方法，可以产生基于分布适宜性和潜在生产力的综合适地适树指数图，如图 8-12 和图 8-13 所示。

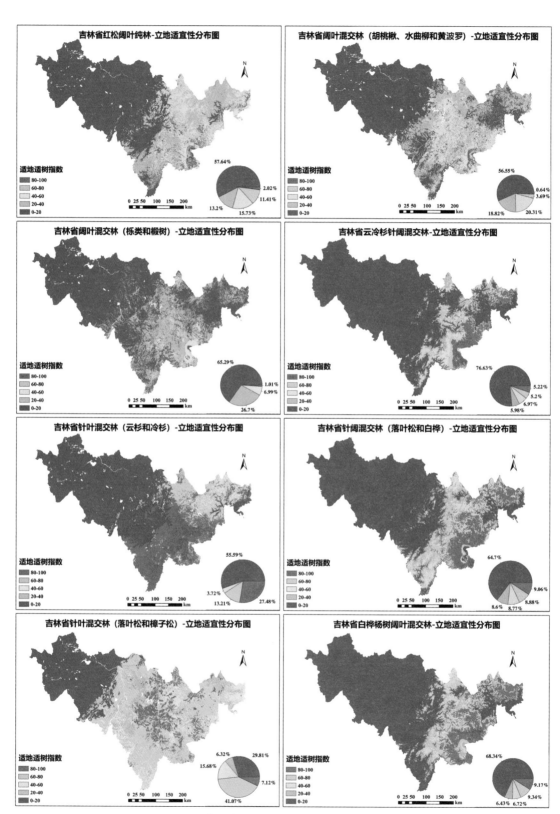

图 8-12 吉林省混交林-立地综合适宜性分布图

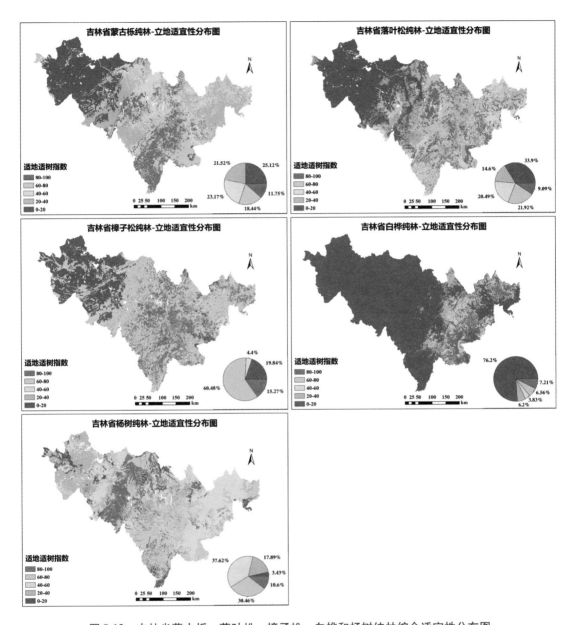

图 8-13　吉林省蒙古栎、落叶松、樟子松、白桦和杨树纯林综合适宜性分布图

8.9　现有林当前年龄生产力提升空间分析

8.9.1　总体情况

在所有样地中，当前年龄生产力提升空间在 0%~96.77% 之间，平均值为 34.02%（图 8-14），也就是说，目前的森林平均约有 34% 的生产力提升空间。将潜力提升空间分为 5 个等级：Ⅰ级 0~30%，Ⅱ级 30%~50%，Ⅲ级 50%~60%，Ⅳ级 60%~80%，Ⅴ级 80%

127

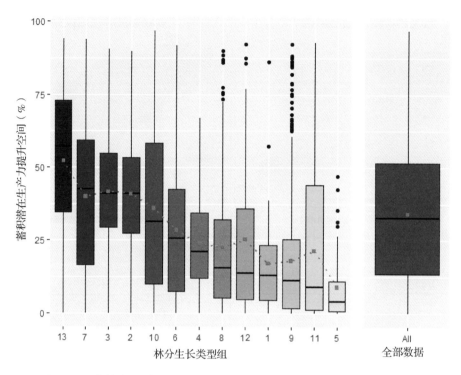

图8-14 吉林省13个林分生长类型组潜力提升空间(中间红点为平均值)

以上，Ⅰ～Ⅴ级提升空间的样地占比分别为45.5%、27.4%、10.9%、12.6%和3.61%。

8.9.2 不同林分生长类型组分析

从13种林分生长类型来看，当前年龄生产力提升空间最大的为类型18，即杨树纯林，平均提升空间为52.1%，最小的为类型5，即云杉冷杉针叶混交林，平均提升空间为9.0%(表8-8)。

表8-8 吉林省13个林分生长类型组现有林当前年龄生产力提升空间

林分生长类型组	样地个数	提升空间平均值	提升空间中位数
杨树纯林	241	52.1	56.9
栎类椴树阔叶混交林	714	41.6	40.9
水胡黄阔叶混交林	776	40.8	40.9
落叶松樟子松针叶混交林	45	39.9	42.4
落叶松纯林	270	35.9	31.4
落叶松白桦针阔混交林	169	28.3	25.7
白桦纯林	42	25.4	13.7
云冷杉阔叶针阔混交林	120	23.8	21.0

（续）

林分生长类型组	样地个数	提升空间平均值	提升空间中位数
白桦杨树阔叶混交林	300	22.7	15.6
樟子松纯林	44	21.5	8.9
蒙古栎纯林	479	18.0	11.2
红松阔叶林	42	17.1	13.0
云杉冷杉针叶混交林	38	9.00	3.89

8.9.3　不同林分发育阶段分析

从不同龄组来看，当前年龄生产力提升空间随着龄级的增大而减少，提升空间最大的为幼龄林，平均提升空间为 49.1%，提升空间最小的为过熟林，平均提升空间为 24.7%（图 8-15）。

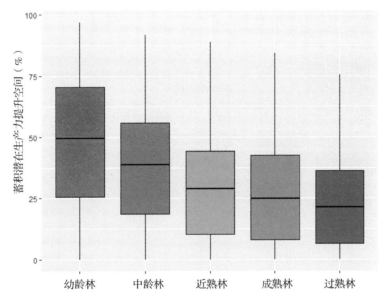

图 8-15　不同龄组的当前年龄生产力提升空间箱线图

从 13 个林分生长类型组来看，基本上每个林分生长类型组不同龄组的当前年龄生产力提升空间随着龄级的增大而减少。提升空间最大的为白桦杨树阔叶混交林的幼龄林，平均提升空间为 69.4%，提升空间最小的为红松阔叶林的过熟林，平均提升空间为 1.28%（图 8-16）。

8.9.4　不同立地等级生产力提升空间分析

不同立地等级当前年龄生产力提升空间相差不大，并未有明显规律。提升空间最大的为立地等级 10，平均提升空间为 43.9%，提升空间最小的为立地等级 2，平均提升空间为 30.0%（图 8-17）。

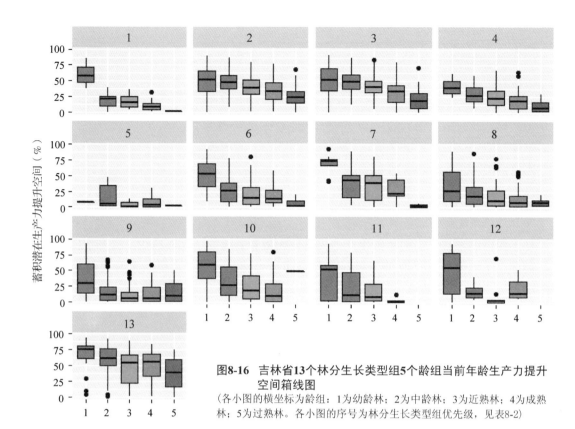

图8-16　吉林省13个林分生长类型组5个龄组当前年龄生产力提升空间箱线图

（各小图的横坐标为龄组：1为幼龄林；2为中龄林；3为近熟林；4为成熟林；5为过熟林。各小图的序号为林分生长类型组优先级，见表8-2）

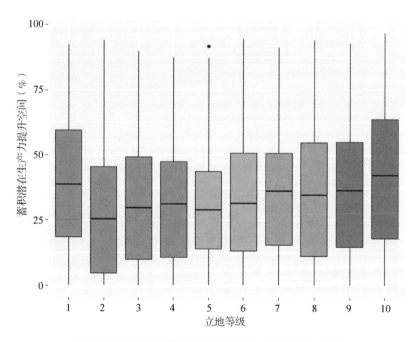

图8-17　不同立地等级当前年龄生产力提升空间箱线图

第9章

广东省立地质量评价应用案例

本章利用基于潜在生长量的立地生产潜力估算方法，开展广东省主要森林类型的立地质量评价。具体内容包括基础数据和前期预处理、基于林分高生长的立地分级、潜在生产力预估、现有林当前年龄生产力提升空间分析和广东省典型区域立地质量评价和制图。

9.1 基础数据和前期预处理

9.1.1 数据来源

9.1.1.1 一类清查固定样地数据

数据来源于广东省4期(1997年、2002年、2007年和2012年)一类清查固定样地，有林地(不包括经济林)样地共1428块。样地分布如图9-1所示。调查体系为系统抽样，按6km×8km网格布点，调查间隔为5年，样地形状为正方形，其面积为0.0667hm²。样地的调查因子主要有样地号、优势树种、起源、坡度、海拔、坡向、坡位、土壤(类型和厚度)、腐殖质层厚度、平均年龄、平均胸径、平均树高等。其中乔木林的平均年龄采用优势树种平均年龄，而平均树高的调查则是依据平均胸径大小，在主林层优势树种中选择3~5株平均样木，测定它们的树高，并利用算术平均法获取平均树高。

9.1.1.2 小班调查数据

试验区的小班调查数据为广东省韶关市始兴县的二类调查数据。调查因子主要有小班优势树种、起源、坡度、海拔、坡向、坡位、平均年龄、平均胸径、平均树高、林分蓄积量等。其中乔木林的平均年龄和平均树高确定方法与一类清查固定样地一致。

9.1.2 数据整理

利用第3章中的数据处理方法，统计获取样地林分因子：样地号、调查时间、优势树种、林分平均年龄、平均高、平均胸径、断面积、蓄积、株数、起源、树种组成、森林类型、林分密度指数、海拔、坡度、坡向、坡位、土壤(类型和厚度)、腐殖质层厚度、枯枝

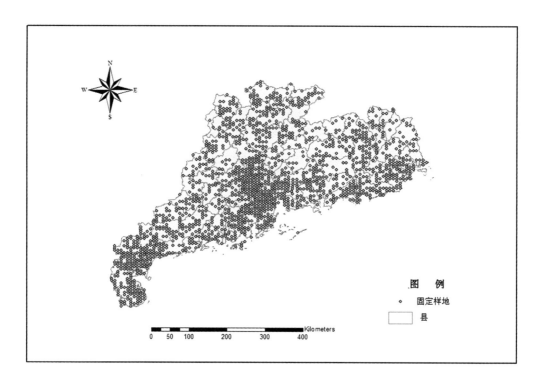

图 9-1　广东省固定样地分布图

落叶厚度等。其中立地因子分级标准见表 9-1。

表 9-1　立地因子分级标准

立地因子	等级划分标准
1 海拔	200m 一个等级
2 坡度	10 度一个等级
3 坡向	1. 阳坡：136°－225°（南坡） 2. 半阳：226°－270°，91°－135°（东坡、东南坡、西南坡） 3. 阴坡：316°－45°（北坡） 4. 半阴：271°－315°，46°－90°（西坡、西北坡、东北坡） 5. 无坡
4 坡位	1. 脊部 2. 上坡 3. 中坡（包括全坡） 4. 下坡 5. 山谷 6. 平地
5 土层厚度	20cm 一个等级
6 土壤类型	暗棕壤、黑钙土、栗钙土、沼泽土、水稻土、黑土、白浆土、草甸土、盐土、碱土、风沙土、火山灰土
7 腐殖质层	薄：0～10cm；中：10～20cm；厚：≥30cm

9.2　林分生长类型组划分

按第五章中的分类方法进行林分生长类型组划分，其中某一树种组成达到 65% 以上的的为纯林，都不足 65% 的为混交林。受样地数量所限，将广东省主要森林划分为 10 个林分生长类型组（表 9-2）。

表 9-2　广东省林分生长类型组

优先级	林分生长类型组	基准年龄	样地数量	主要组成树种
1	阔叶混交林	30	810	其他硬阔类、其他软阔类、栎类、樟树
2	针阔混交林	30	350	马尾松、杉木、其他硬阔类、其他软阔类、木荷、栎类
3	针叶混交林	30	244	马尾松、杉木、湿地松
4	马尾松纯林	30	578	马尾松
5	杉木纯林	30	391	杉木
6	桉树纯林	10	207	桉树
7	樟树纯林	30	374	樟树
8	杨树纯林	20	133	杨树
9	其他硬阔纯林	30	491	其他硬阔类
10	其他软阔纯林	20	288	其他软阔类

9.3　基于林分高生长的立地等级划分

按照第四章提出的基于林分高生长的立地分级划分方法，对广东省 10 个林分生长类型组进行立地等级划分。为便于应用选择 5 个立地等级，林分高生长模型选用 Richards 形式：

$$H = 1.3 + \left(a + \sum_{m=1}^{5} (m-1) \cdot d \cdot L_m \right) (1 - e^{-b \cdot Age})^c \qquad (9-1)$$

式中：H 为林分平均高，Age 为林分平均年龄，a，b，c 为模型参数，d 为参数级距离，$L_m = 1$ 为属于立地等级 m，$L_m = 0$ 为不属于立地等级 m，$m = 1,2,\cdots,5$。

拟合得到 10 个林分生长类型组 5 个立地等级上的树高生长曲线（图 9-2）。可以看出，模型的确定系数在 0.9360 ~ 0.9783 之间，较好地描述了不同立地等级的生长过程和差异。

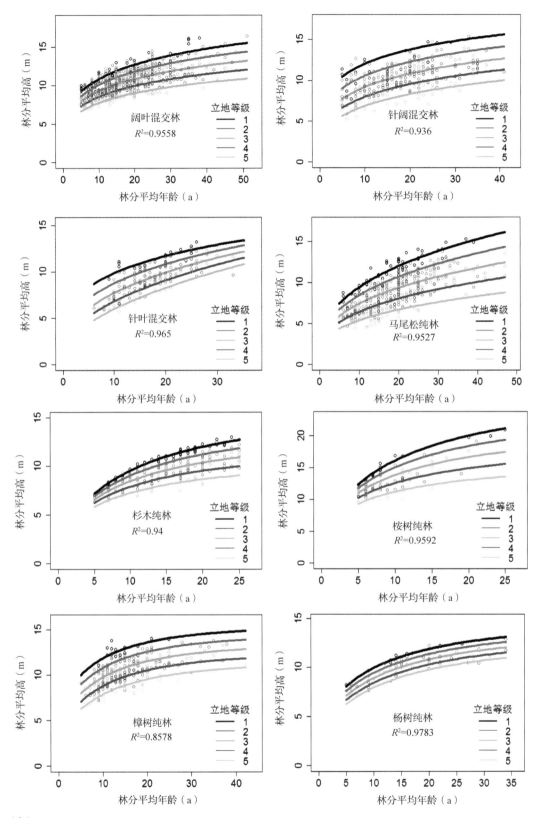

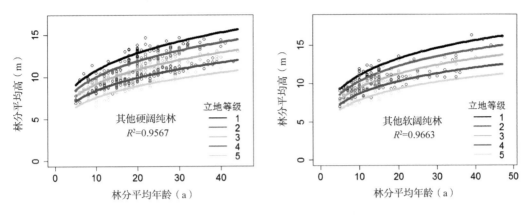

图 9-2　10 个林分生长类型组 5 个立地等级的林分高生长曲线

9.4　潜在生产力估算

在立地分级的基础上，根据第 6 章的潜在生产力估计方法，进行 10 个林分生长类型组不同立地等级的潜在生产力估计。

9.4.1　基础模型

林分断面积和蓄积生长模型采用 Richards 生长方程：

$$BA = \left(b_1 + \sum_{m=1}^{5}(m-1)\cdot d_1 \cdot L_m\right)\left(1 - e^{-b_2\cdot(S/Sbase)^{b_3}\cdot Age}\right)^{b_4+\sum_{m=1}^{5}(m-1)\cdot d_2\cdot L_m} \qquad (9-2)$$

$$V = \left(b_1 + \sum_{m=1}^{5}(m-1)\cdot d_1 \cdot L_m\right)\left(1 - e^{-b_2\cdot(S/Vbase)^{b_3}\cdot Age}\right)^{b_4+\sum_{m=1}^{5}(m-1)\cdot d_2\cdot L_m} \qquad (9-3)$$

式中：BA、V、S、Age 分别为林分断面积、蓄积、密度指数和平均年龄，$Sbase$ 和 $Vbase$ 为常数，b_1，b_2，b_3，b_4 为模型参数，d_1，d_2 为参数级距，$L_m=1$ 为属于立地等级 m，$L_m=0$ 为不属于立地等级 m，$m=1,2,\cdots,5$。

10 个林分生长类型组 5 个立地等级上的林分断面积和蓄积生长曲线如图 9-3 所示。可以看出，模型的确定系数都在 0.98 以上，较好地描述了不同立地等级的林分断面积和蓄积生长过程，不同立地等级间差异明显。

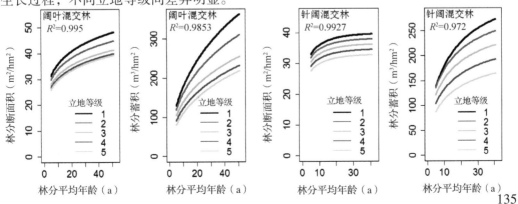

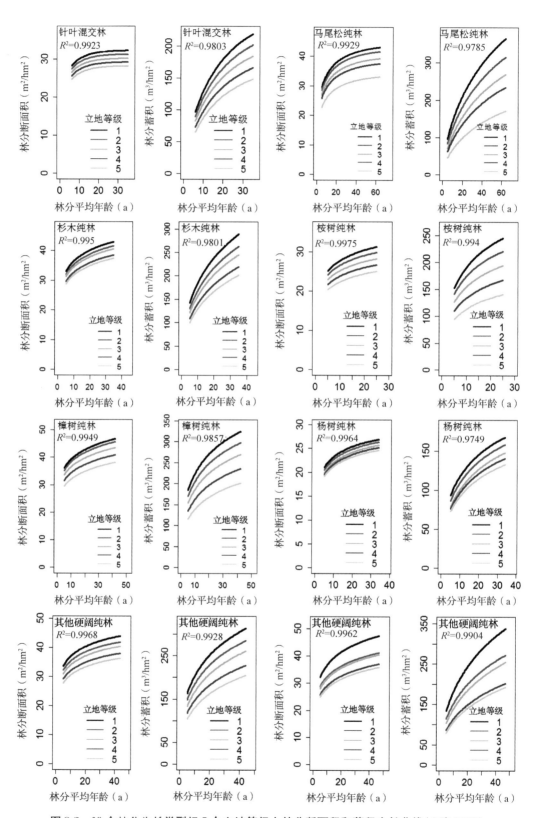

图9-3　10个林分生长类型组5个立地等级上林分断面积和蓄积生长曲线(S取1500)

9.4.2　林分生长类型组潜在生产力估算

基于以上林分平均高、断面积和蓄积生长模型，利用第 6 章提出的潜在生产力估计算法，得到广东省 10 个林分生长类型组 5 个立地等级的蓄积潜在生产力（图 9-4）。由于潜在生产力与年龄有关，为便于比较和报告，分别给出了 5 年至基准年龄时平均蓄积潜在生产力、基准年龄时的蓄积潜在生产力、最优密度、林分断面积和蓄积（表 9-3）。

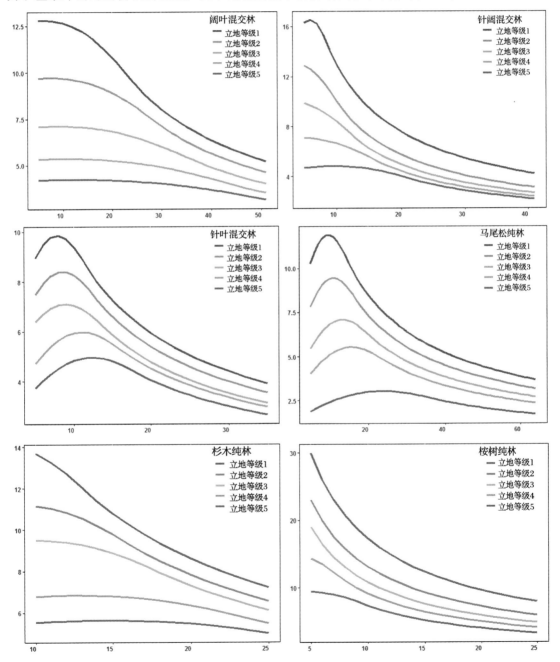

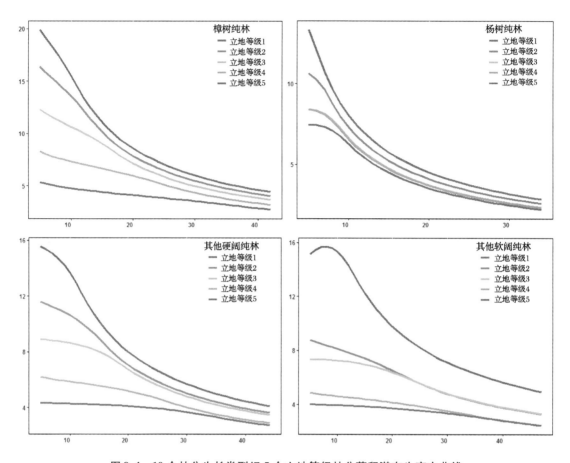

图 9-4　10 个林分生长类型组 5 个立地等级林分蓄积潜在生产力曲线

（注：各小图的横坐标为林分年龄(a)；纵坐标为蓄积潜在生长量 [m³/(hm²·a)]。）

表 9-3　广东省 10 个林分生长类型组 5 个立地等级潜在生产力表

优先级	林分生长类型组	立地等级	5 年至基准年龄 潜在生产力 [m³/(hm²·a)]	基准年龄 潜在生产力 [m³/(hm²·a)]	林分密度 （株/hm²）	林分断面积 （m²/hm²）	林分蓄积量 （m³/hm²）
1	阔叶混交林	1	11.01	8.00	2346	46.71	307.83
		2	8.89	7.10	2889	44.37	273.14
		3	6.80	6.01	3000	37.02	211.53
		4	5.23	4.89	3000	30.29	162.05
		5	4.17	4.01	3000	25.52	129.00
2	针阔混交林	1	9.58	5.44	1052	25.16	161.91
		2	7.29	4.06	1164	24.82	157.80
		3	6.10	3.50	1385	23.88	141.58
		4	5.08	3.13	1707	22.82	121.94
		5	4.09	2.85	2155	21.33	102.00

（续）

优先级	林分生长类型组	立地等级	5 年至基准年龄	基准年龄		
			潜在生产力 [m³/(hm²·a)]	潜在生产力 [m³/(hm²·a)]	林分密度 （株/hm²）	林分断面积 （m²/hm²）	林分蓄积量 （m³/hm²）
3	针叶混交林	1	6.91	4.39	890	19.75	125.37
		2	6.15	3.98	1006	19.29	116.02
		3	5.37	3.52	1130	18.98	107.73
		4	4.78	3.34	1333	17.93	94.73
		5	4.10	2.99	1535	17.26	84.88
4	马尾松纯林	1	9.27	6.39	1293	30.02	189.91
		2	7.70	5.51	1491	28.98	163.90
		3	6.11	4.71	1874	27.40	140.05
		4	4.93	4.10	2265	26.15	121.90
		5	2.71	2.91	3000	19.84	76.96
5	杉木纯林	1	9.16	6.22	1574	33.09	214.93
		2	8.15	5.65	1807	31.99	195.34
		3	7.43	5.28	1987	31.25	182.34
		4	6.09	4.72	2471	29.62	163.14
		5	5.25	4.35	2764	28.82	150.31
6	桉树纯林	1	22.63	17.25	1255	22.58	157.52
		2	17.28	13.10	1480	22.02	147.09
		3	14.26	10.78	1814	20.99	131.75
		4	11.68	9.09	2286	19.82	113.88
		5	8.59	7.33	2902	18.56	96.87
7	樟树纯林	1	11.05	5.99	1533	39.67	268.73
		2	9.80	5.48	1704	38.65	245.83
		3	8.25	4.98	2066	36.86	223.16
		4	6.25	4.34	2666	34.62	194.82
		5	4.31	3.55	3000	27.89	145.06
8	杨树纯林	1	7.50	4.52	1104	18.05	106.92
		2	6.67	4.11	1343	17.19	97.13
		3	5.88	3.74	1568	16.55	88.37
		4	5.82	3.69	1556	16.58	87.31
		5	5.45	3.53	1675	16.28	83.49
9	其他硬阔纯林	1	9.83	5.68	1533	33.25	220.38
		2	8.14	5.01	1871	32.10	201.93
		3	7.14	4.79	2173	30.75	182.43
		4	5.25	4.00	2790	29.16	161.08
		5	4.10	3.68	3000	24.97	128.50

（续）

优先级	林分生长类型组	立地等级	5 年至基准年龄		基准年龄		
			潜在生产力 [m³/(hm²·a)]	潜在生产力 [m³/(hm²·a)]	林分密度 （株/hm²）	林分断面积 （m²/hm²）	林分蓄积量 （m³/hm²）
10	其他软阔纯林	1	13.36	9.78	2004	36.69	220.54
		2	7.71	6.50	3000	30.37	171.26
		3	7.01	6.36	3000	27.68	148.04
		4	4.49	4.14	3000	20.19	97.90
		5	3.87	3.72	3000	17.44	82.19

9.5 现有林当前年龄生产力提升空间分析

9.5.1 总体情况

广东省现有林样地数据共有 3147 个，统计出的最近调查样地个数为 1337 个。在所有样地中，当前年龄生产力提升空间在 0%~89.48% 之间，平均值为 43.69%（图 9-5），也就是说，目前的森林平均约有 44% 的生产力提升空间。将潜力提升空间分为 5 个等级（划分标准 0~30，30~50，50~60，60~80，80~100），Ⅰ~Ⅴ级提升空间的样地占比分别为 31.49%、23.71%、13.76%、26.10% 和 4.94%。

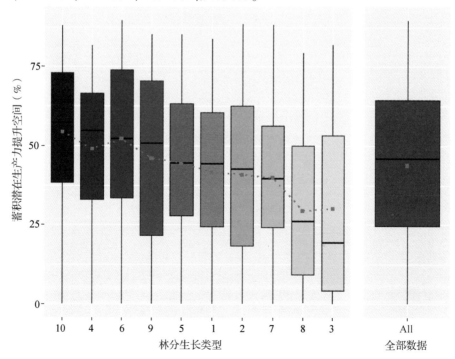

图 9-5　10 个林分生长类型组现有林生产力提升空间（中间红点为平均值）

9.5.2 林分生长类型组之间生产力提升空间比较

从 10 个林分生长类型组当前年龄生产力提升空间的中位数和平均值来看，当前年龄现实生产力提升空间最大的为类型组 10，即其他软阔纯林，提升空间的中位数和平均值分别为 57.22% 和 54.26%；最小的为类型组 3 和类型组 8，即针阔混交林，提升空间的中位数为 19.19%。杨树纯林，平均提升空间为 29.45%。因此，需要重视阔叶混交林的经营，提升其森林质量。

表 9-4 10 个林分生长类型组现有林当前年龄生产力提升空间

优先级	样地个数	当前年龄现实生产力提升空间（%）	
		平均值	中位数
1	337	41.51	44.03
2	132	40.78	42.48
3	82	30.03	19.19
4	173	48.94	54.63
5	146	44.25	44.41
6	80	52.08	52.02
7	134	39.79	39.52
8	16	29.45	25.91
9	141	45.92	50.72
10	96	54.26	57.22

9.5.3 林分发育不同阶段分析

从不同龄组来看，当现有林当前年龄生产力提升空间随着龄级的增大而减少，提升空间最大的为幼龄林，平均提升空间为 53.63%，提升空间最小的为过熟林，平均提升空间为 27.7%（表 9-5，图 9-6）。这也为通过加强中幼林抚育来增加林分生长量，提供了依据。在当前森林质量提升的背景下，广东省更要重视中幼林抚育。

表 9-5 不同龄组现有林当前年龄生产力提升空间

龄组	样地个数	提升空间平均值（%）	提升空间中位数（%）
1	437	53.63	55.67
2	555	42.75	44.62
3	232	34.57	33.25
4	88	31.40	28.96
5	8	27.70	27.00

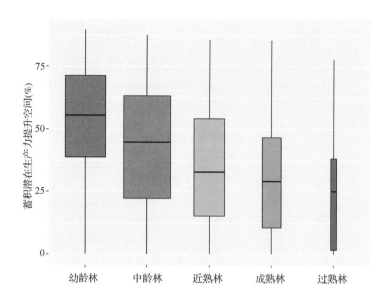

图9-6 5个龄组的当前年龄生产力提升空间箱线图

从10个林分生长类型组的提升空间来看(图9-7)，基本上每个林分生长类型组不同龄组的当前年龄生产力提升空间随着龄级的增大而减少。提升空间最大的为马尾松纯林的幼龄林，平均提升空间为62.24%，提升空间最小的为杨树纯林的成熟林，平均提升空间为2.81%。

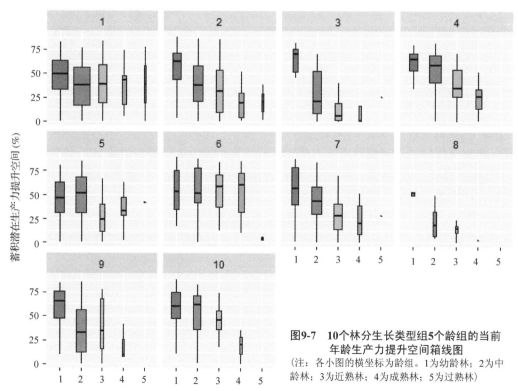

图9-7 10个林分生长类型组5个龄组的当前年龄生产力提升空间箱线图
(注：各小图的横坐标为龄组。1为幼龄林；2为中龄林；3为近熟林；4为成熟林；5为过熟林)

9.5.4　不同立地等级分析

当前年龄林分现实生产力提升空间随着立地等级的提升而有所下降。提升空间最大的为立地等级 5，平均提升空间为 58.93%，提升空间最小的为立地等级 2，平均提升空间为 37.90%（表 9-6，图 9-8）。

表 9-6　不同立地等级现有林当前年龄生产力提升空间

立地等级	样地个数	提升空间平均值(%)	提升空间中位数(%)
1	162	39.63	40.08
2	305	37.90	36.79
3	383	42.83	45.44
4	296	45.74	47.71
5	178	58.93	65.09

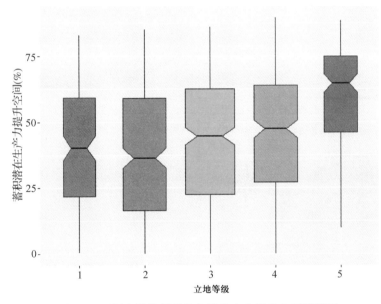

图 9-8　不同立地等级当前年龄生产力提升空间箱线图

9.6　落实到小班的现有林立地质量评价——以广东韶关市始兴县为例

对于现有林的立地质量评价，包括 5 个步骤：①确定小班的林分生长类型组（表 9-2）；②基于小班所在的林分生长类型组的平均年龄和平均高，根据其与 9.3 节中该林分生长类型组不同立地等级树高曲线的距离，将距离最近的立地等级作为该小班所在的林分生长类型组的立地等级；③根据表 9-3，即可得到该小班基准年龄时的潜在生产力；④根据图 9-4，即可得到该小班当前年龄时的潜在生产力；⑤计算出该小班当前年龄的潜力提升空间。最终形成始兴县现有林的现实生产力、当前年龄的潜在生产力和潜在提升空间图（图 9-9）。

143

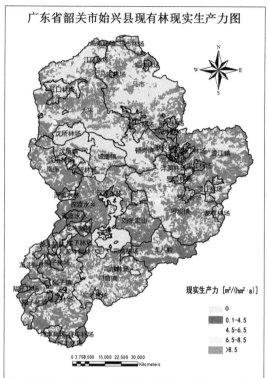

广东省韶关市始兴县现有林现实生产力图

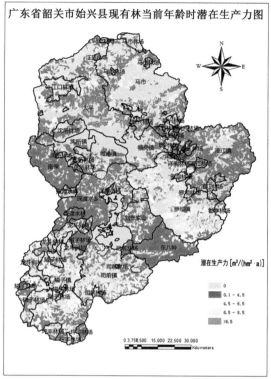

广东省韶关市始兴县现有林当前年龄时潜在生产力图

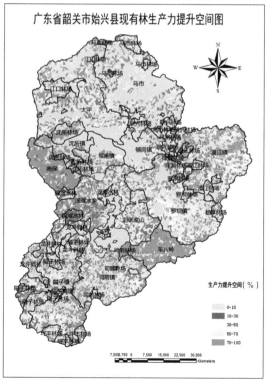

广东省韶关市始兴县现有林生产力提升空间图

图9-9　始兴县现有林的现实生产力、当前年龄的潜在生产力和潜在提升空间图

广东省韶关市始兴县森林涉及 8 个林分生长类型组：阔叶混交林、针阔混交林、针叶混交林、马尾松纯林、杉木纯林、桉树纯林、其他硬阔纯林和其他软阔纯林，总面积共142401.2hm^2，各生长类型组的面积占比分别为：13.11%、14.09%、4.46%、20.18%、14.18%、9.25%、10.79% 和 13.11%。

始兴县现有林的现实蓄积生产力分布在 0.1~15.82m^3/(hm^2·a)区间内，大于 8.5m^3/(hm^2·a)的小班数量是 123 个，大部分小班的现实生产力在 4.5m^3/(hm^2·a)以下。当前年龄潜在生产力分布在 0.1~16.52m^3/(hm^2·a)区间内，0.1~4.5m^3/(hm^2·a)的小班数量 5870 个，4.5~6.5m^3/(hm^2·a)区间的小班数量 2780 个，6.5~8.5m^3/(hm^2·a)区间的小班数量 1428 个，大于 8.5m^3/(hm^2·a)的小班数量有 587 个。8 个生长类型组中，针阔混交林的提升空间最大，平均为 48.33%；桉树纯林的提升空间最小，平均为 14.24%。

第10章

立地质量评价软件开发与应用

基于林分潜在生长量的立地质量评价方法，涉及大量的建模运算，为了提高计算效率和便于方法的推广应用，项目基于 Forstat 平台及云计算平台，开发了 Forstat 立地质量评价模块和基于云平台的立地质量评价系统。本章重点介绍立地质量评价软件设计及功能实现。

10.1　基于 Forstat 的立地质量评价软件

10.1.1　立地质量评价软件基本设计

立地质量评价软件主要包括数据窗口、结果输出窗口、基于立地约束和林分高生长的立地分级的立地分级模块、断面积/蓄积生长模型参数估计的 按制表类计算生长参数 、用于面积和蓄积生产潜力计算的 林分潜在生产力计算 模块。

软件输入信息主要按照立地质量评价固定的数据格式导入，输出信息为基于断面积或蓄积的潜在生产力，具体各模块使用说明见下节。

10.1.2　基于立地约束和林分高生长的立地分级模块

基于立地约束和林分高生长的立地分级模块总共包含立地条件选择、树高初始分组和树高拟合三个子模块。主要用于林分高生长的立地分级划分。下面将利用吉林四期的一类清查数据为例对该模型的使用进行详细的说明。

第一步：点击 立地计算 模块，选择 划分立地等级 ，得到模块界面(图 10-1)。

第二步：点击 立地条件选择 得到子模块界面，见图 10-2。该子模块界面中的右侧下拉菜单自动呈现所读取数据的变量清单，根据用户的选择，把要入选立地条件的变量选入 入选立地条件 文本框中。本实例中选择 海度位向土腐 变量，然后点击确定。计算完毕后，模块界面变为图 10-3，此时 树高初始分组 控件由灰转黑。

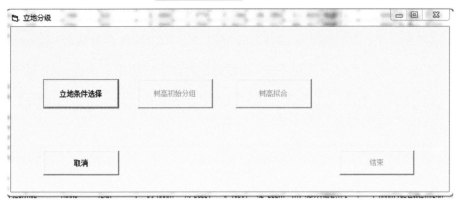

图 10-1 划分立地等级模块界面

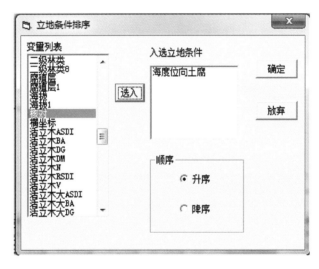

图 10-2 立地条件选择子模块界面

图 10-3 立地等级模块界面上 树高初始分组 控件由灰转黑

第三步：点击 树高初始分组 控件进入树高初始分组界面，见图 10-4。界面左侧的下拉框自动呈现了数据库所有变量名。用户按照具体要求，把相应的变量，例如树高和年龄分别选入到 平均高 和 年龄 控件中。分级数 控件主要用于树高分级数的选定。用户按照需求可以在曲线选择文本框中选择不同的 曲线类型。本实例中，依次将 变量 框内 AGE 选入右侧 年龄 框内，H 选入 平均树高 框内，分级数这里填写 10，曲线选择默认为理查兹曲线，最后点击 树高分组 按钮。

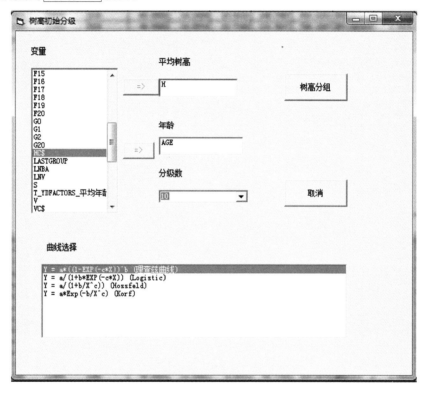

图 10-4　树高初始分组子模块

第四步：如果操作正确，将自动弹出如图 10-5 界面，点击 确定，树高拟合 由灰变黑，见图 10-6。

第五步：点击 树高拟合 按钮，得到 树高拟合 子模块界面，见图 10-7。用户依次做如下操作：

（1）参数 a、参数 b、参数 c 按照用户需要可以选择 不变、均分 和 不均分 选项。本实例中，参数 a 选择 均分（默认），参数 b 选择 不变，参数 c 选择 均分。

（2）模型参数存于文件 右侧框填写用户需要保存的路径（里面有个默认路径，注意不要忘记给文件名命名，这里为 H）。

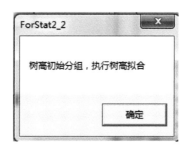

图 10-5　树高初始分组中间过程界面

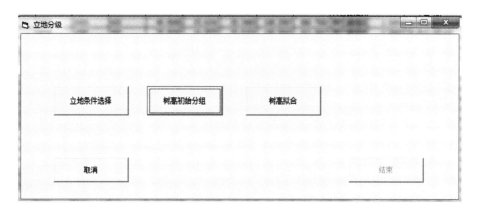

图 10-6　立地等级模块界面上 树高拟合 控件由灰转黑

（3）界面上中的 因变量 输入框和 模型表达式 输入框默认给出了变量和模型表达式，不需要改动。

（4）点击 参数初值表 下侧列表中 参数名 或者 初值 部分，列表中 参数名 这一列自动提取出了模型参数，本实例中为 a，d，b，c，g，并在 初值 一列分别输入各参数的初始值。

根据用户的选择，可以点击 估计值 和 残差（实际值－估计值）用于计算因变量的估计值和对应的残差，本实例中选择默认。

（5）所有参数输入完毕后，点击 确定。这时 确定 按钮变灰， 放弃 按钮显示框内虚线，如用户要查看进度，可以将鼠标拖到该界面下底端，当鼠标显示为上下箭头时将此界面往下拖点，就能显示迭代次数等相关信息。当"树高分级"界面消失，跳出 forstat 输出窗口，证明计算结束。

第六步：计算结果由 2 个部分组成，一部分在输出窗口，用户需要点击 文件 下拉框下 全部结果另存为（A），选择需要保存的路径；另一部分在步骤 5 下的路径中寻找，是一个 TXT 文件（该文件在后面生长潜力计算中需要导入）。

第七步：点击 窗口 下拉框下的 数据窗口，这时数据内多了一列 LASTGROUP，所以

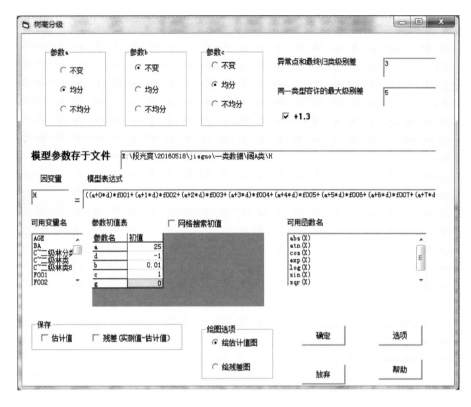

图 10-7 树高生长模型拟合子模块

需要保存该数据，点击 文件 下拉框 另存为 右侧选项 forstat 文件 ，选择用户需要保存的路径。

10.1.3 断面积/蓄积生长模型参数估计

第一步：点击 立地计算 模块，选择 按制表类计算生长参数（符），进入 按制表类计算生长参数 界面，见图 10-8。

第二步：用户按照具体需要在 因变量 和 模型表达式 文本框中输入相应的变量和模型表达式。变量名可以从 可用变量名 下拉菜单中选择。本实例中， 因变量 下侧文本框内填写"BA"，模型表达式下侧文本框内填写"b1 * (1 - exp(- b2 * (S/10000)^b3 * AGE))^b4"。

第三步：根据模型计算需求，从 可用变量名 下拉菜单中选择连续变量到 连续（定量）变量 下拉菜单中，以及分类变量到 分类（定量）变量 下拉菜单中。本实例中，选择"AGE"，"BA"，"S"依次导入右侧 连续（定量）变量 内，"LASTGROUP"导入右侧 分类（等级）变量 内。

第四步：点击 参数初值表 下侧 参数名 或者 参数构造 等部分，激活参数输入栏，在参数名一列中自动生成了模型参数，本实例中如 b1，b2，b3，b4，用户根据实际需求填写相应的参数信息，例如本实例中 b1 需要按照分类变量"LASTGROUP"数量化，因此在 b1 右侧参数构造内手工填写"LASTGROUP"，然后依次输入各参数的初值。

第五步：用户根据需要，可以在 保存到窗口 中选择 估计值 和 残差(实测值－估计值) ，以及在 打印选项 中选择 绘估计值图 和 绘残差图 ， 打印选项 中选择 数量化因子水平 和 参数结构矩阵 等信息。本实例中选择默认信息。

第六步：用户根据自己的需要在 参数保存位置 中输入参数估计值所保存的路径(默认有一个路径)。

第七步：所有参数输入完毕且检查无误后，点击 确定 。

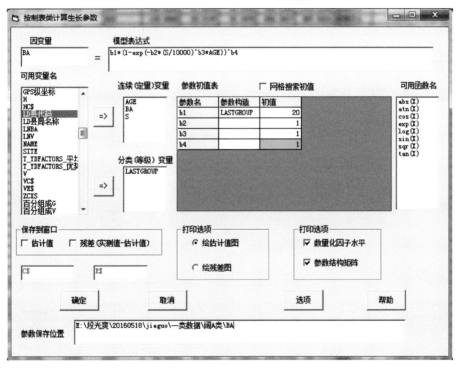

图 10-8　按制表类计算断面积生长模型参数

第八步：计算结果包含两部分。一部分在输出窗口，用户需要点击 文件 下拉框下 全部结果另存为(A) ，选择用户需要保存的路径；另一部分在步骤 6 下的路径中寻找，为 TXT 文件(该文件在后面生长潜力计算中需要导入)。

蓄积生长模型参数估计方法和断面积生长模型参数估计方法完全类同。

10.1.4 断面积生产潜力计算

断面积生产潜力计算模块界面如图 10-9 所示。

第一步：点击 立地计算 模块，选择 立地潜力 按钮，进入 林分潜在生产力计算 界面。

第二步：从 最优指标 选择框中选择 断面积 。

第三步：选择 手动输入 或者 选择已有模型 方式输入模型表达式。本实例中，点击 断面积生长模型 下拉框，选择最后一个模型"BA = b1 * (1 − exp(− b2 * (S/10000)^b3 * T))^b4"。同理，点击树高方程下拉框，选择最后一个模型"H = a * (1 − exp(− b * t))^c"。

第四步：点击 获取断面积参数 ，界面自动弹出一个路径选择框，找到前面所计算出来的断面积参数所保存的路径，选中文件(一般保存为 BA. txt)，点击打开，如果参数导入成功，则会自动提示断面积生长参数导入成功。此时 断面积生长参数列表 将展现模型参数。

第五步：点击 获取树高参数 ，在弹出的路径选择框中，选择参数所保存的路径，这时选择文件(一般保存为 H. txt)，点击打开，如果参数导入成功，则会自动提示断面积生长参数导入成功。此时 获取树高参数 将展现模型参数。

第六步：用户可以在"输出选项"中确定要计算生产潜力的年龄、下限和上限，密度指数，下限和上限。本实例中，将上限值150(默认)修改为200，其他保持不变。

第七步：点击 确定 按钮，计算结果将保存到输出窗口，计算结束。

图 10-9　断面积生产潜力计算模块

10.1.5　蓄积生产潜力计算

蓄积生产潜力计算模块界面如图 10-10 所示。

图 10-10　蓄积生产潜力计算模块

第一步：点击 立地计算 模块，选择 立地潜力（符） 按钮，进入 林分潜在生产力计算 界面。

第二步：从 最优指标 选择框中选择 蓄积 。

第三步：选择 手动输入 或者 选择已有模型 方式输入模型表达式，本实例中，点击 断面积生长模型 下拉框，选择最后一个模型"$BA = b1 * (1 - \exp(-b2 * (S/10000)\hat{}b3 * T))\hat{}b4$"。同理，点击树高方程下拉框，选择最后一个模型"$H = a * (1 - \exp(-b * t))\hat{}c$"。

第四步：点击 获取断面积参数 ，界面自动弹出一个路径选择框，找到前面所计算出来的断面积参数所保存的路径，选中文件（一般保存为 BA. txt），点击打开，如果参数导入成功，则会自动提示断面积生长参数导入成功。此时 断面积生长参数列表 将展现模型参数。

第五步：选择 手动输入 或者 选择已有模型 方式输入模型表达式。本实例中，点击蓄积 生长模型 下拉框，选择最后一个模型"$M = b1 * (1 - \exp(-b2 * (S/10000)\hat{}b3 * T))\hat{}b4$"。

第六步：点击 获取蓄积参数 ，界面自动弹出一个路径选择框，找到前面所计算出来的蓄积参数所保存的路径，选中文件（一般保存为 V. txt），点击打开，如果参数导入成功，则会自动提示断面积生长参数导入成功。此时 蓄积生长参数列表 将展现模型参数。

第七步：选择 手动输入 或者 选择已有模型 方式输入模型表达式，本实例中，点击 树高方程 下拉框，选择最后一个模型 "$H = a * (1 - \exp(-b * t))\hat{}c$"。

第八步：点击 获取树高参数 ，在弹出的路径选择框中，选择参数所保存的路径，这时选择文件（一般保存为 H. txt），点击打开，如果参数导入成功，则会自动提示断面积生长参数导入成功。此时 获取树高参数 将展现模型参数。

第九步：用户可以在"输出选项"中确定要计算生产潜力的年龄、下限和上限，密度指数，下限和上限。本实例中，将上限值 150（默认）修改为 200，其他保持不变。

第十步：点击 确定 按钮，计算结果将保存到输出窗口，计算结束。

10.2 基于云平台的立地质量评价系统

10.2.1 系统目标

基于云平台的立地质量评价系统实现立地质量评价相关数据的管理、展示、浏览、查询和分析，为森林经营、造林决策提供参考数据。目前系统中展示的数据是以汪清林业局为例，系统提供数据输入接口，可加载不同区域的立地质量评价数据进行管理和展示。

10.2.2 系统架构

系统采用流行的 B/S 结构模式。系统的分析设计采用面向对象的技术，应用 visio、Axure 等工具进行辅助设计。系统架构设计如图 10-11 所示。

10.2.3 系统数据

系统数据包括如下几类：

1）参数属性数据

☆树种表

☆林分生长类型组

☆基准年龄表

☆立地因子及分级表

☆生产潜力数表

☆生长模型及参数表

☆潜在生产力生长过程表（10～200 年）

2）矢量数据

☆二类调查小班矢量数据

3）专题图表数据

A. 公共数据

☆气象因子栅格图

☆土壤因子栅格图

☆海拔栅格图

☆林相图

B. 立地质量专题数据

☆林分生长类型组分布适宜性等级图

☆树种分布适宜性等级分布图

☆林分生长类型组基准年龄生产潜力图

☆现有林基准年龄（平均）生产潜力图

☆现有林当前年龄生产潜力图

☆现有林潜力提升图

☆现有林现实生产力图

☆适地适树指数等级图

☆树种适生条件表

10.2.4　系统功能及实现

立地质量评价系统由参数表浏览、生长曲线、树种适生条件查询、查询专题图因子、专题图对比、属性查询和林相图管理模块组成，模块功能结构如图 10-12 所示。其中，参数表浏览包含树种表、林分生长类型组、立地因子及分级表、潜在生产力和潜在生产力生长过程表的显示和查询功能；生长曲线包含林分生长类型组下各立地等级的参数表浏览和树高、断面积、林分蓄积的曲线计算功能；查询专题图因子包含小班因子、环境因子、林分生长类型组适宜性分布、树种适宜性分布、林分生长类型组基准年龄生产潜力、现有林生产潜力、适地适树指数等级和林分生长类型组在地图中的分布情况和各因子数据信息；专题图对比包含现有林对比和适地适树对比，现有林对比可查看同一个小班中的现实生产力、潜在生产力和生产力提升空间值。适地适树对比可查看各个林分生长类型组的适宜性等级、潜在生产力等级和适地适树指数等级在地图中的分布情况以及某一点中适宜性、潜在生产力和适地适树指数具体数值大小；属性查询可依据等级查看适宜性、生产潜力和适地适树指数在地图中的分布情况；林相图管理依据地图放大等级可依次查看林场 – 林班 – 小班的地图区域分布，可查看所有小班的具体数据信息，同时还可以对小班数据过滤，查看过滤后的小班在地图中的分布情况。

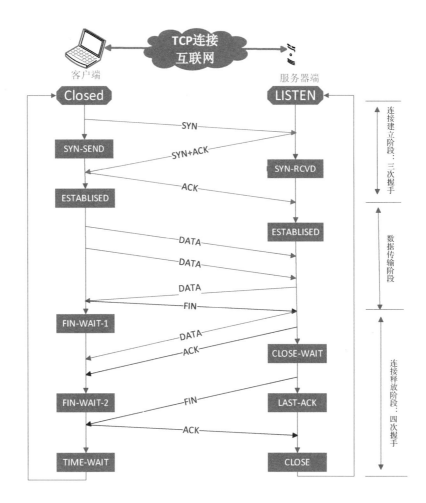

图 10-11　系统架构设计图

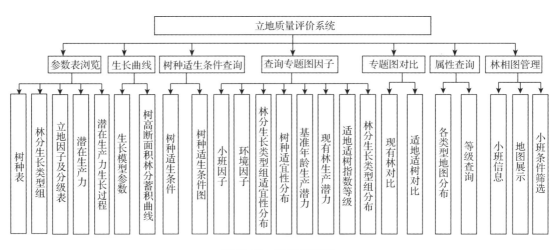

图 10-12　功能结构图

10.2.4.1　系统登录

用户访问系统网站，网站地址 forestcloud. cn：8050。用户输入账号和密码可登录系统（图 10-13）。

图 10-13　登录界面图

10.2.4.2　参数表浏览模块

对系统用到的各类参数表进行浏览，包括树种表、林分生长类型组表、立地因子及分级表、潜在生产力表、潜在生产力生长过程表等。

（1）树种表浏览

树种表包含主要树种名称、树种拉丁名等信息（图 10-14）。

图 10-14　树种表信息浏览界面

（2）林分生长类型组浏览

包含18类林分生长类型组的名称、基准年龄、组成特征及划分条件等信息（图10-15）。

图 10-15   林分生长类型组信息浏览界面

（3）立地因子及分级表浏览

浏览立地因子类型、环境因子等的等级取值范围等信息（图10-16）。

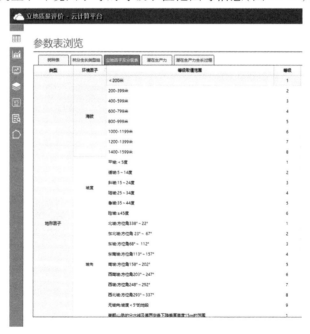

图 10-16   立地因子及分级表信息浏览界面

(4)潜在生产力信息浏览

查看所有林分生长类型组的潜在生产力信息，包括林分生长类型组名称、立地等级、林分年龄、蓄积最大潜在生长量、株数、平均直径、平均树高、初始密度指数、当前密度指数、初始林分断面积、当前林分断面积、初始林分蓄积、当前林分蓄积等信息(图 10-17)。

林分生长类型组	立地等级	基准年龄（年）	蓄积最大潜在生长量(立方米/公顷/年)	株数（株/公顷）	平均直径（厘米）	平均树高（米）	初始密度指数(株/公顷)	当前密度指数(株/公顷)	初始林分断面积(平方米/公顷)	当前林分断面积(平方米/公顷)	初始林分蓄积(立方米/公顷)	当前林分蓄积(立方米/公顷)
红松阔叶林	1	60	4.22	1198	20.7	18.6	1266	1276	40.33	40.73	341.39	345.62
红松阔叶林	2	60	3.6	1381	19.2	17	1287	1296	39.75	40.11	314.46	318.06
红松阔叶林	3	60	3.44	1669	16.9	15.4	1272	1282	37.4	37.77	272.56	276
红松阔叶林	4	60	3.01	1987	15.2	13.8	1273	1283	35.84	36.19	242.46	245.47
红松阔叶林	5	60	2.51	2378	13.6	12.1	1286	1296	34.74	35.06	212.62	215.13
水胡黄阔叶混交林	1	40	8.73	2057	18.2	16.8	1761	1784	53.25	54.16	411.96	420.7
水胡黄阔叶混交林	2	40	7.78	2507	16.1	15.4	1766	1789	50.9	51.75	371.09	378.87
水胡黄阔叶混交林	3	40	6.92	2968	14.2	14	1705	1729	46.75	47.57	316.31	323.23
水胡黄阔叶混交林	4	40	5.61	3000	12.7	12.7	1441	1464	37.81	38.55	235.66	241.27
水胡黄阔叶混交林	5	40	4.13	3000	11.1	11.3	1161	1181	28.9	29.51	163.5	167.64
栎椴椴树阔叶混交林	1	40	10.44	2509	17.2	15.8	1971	2000	58.36	59.45	427.46	437.89
栎椴椴树阔叶混交林	2	40	9.19	2965	15.3	14.4	1920	1950	54.22	55.28	362.7	371.88
栎椴椴树阔叶混交林	3	40	7.31	3000	13.8	12.9	1650	1679	44.77	45.73	273.84	281.14
栎椴椴树阔叶混交林	4	40	5.36	3000	12.3	11.5	1384	1409	35.96	36.77	200.53	205.89
栎椴椴树阔叶混交林	5	40	3.71	3000	11	10.1	1146	1167	28.42	29.06	144.64	148.35
云冷杉阔叶针阔混交林	1	40	9.47	2493	17.3	17.7	1973	2000	58.54	59.53	453.73	463.2
云冷杉阔叶针阔混交林	2	40	8.3	2887	15.6	15.5	1933	1959	55.05	55.99	394.5	402.8
云冷杉阔叶针阔混交林	3	40	6.76	3000	13.9	13.6	1681	1705	45.82	46.63	307.78	314.54
云冷杉阔叶针阔混交林	4	40	5.03	3000	12.3	11.9	1375	1395	35.68	36.33	222.28	227.32

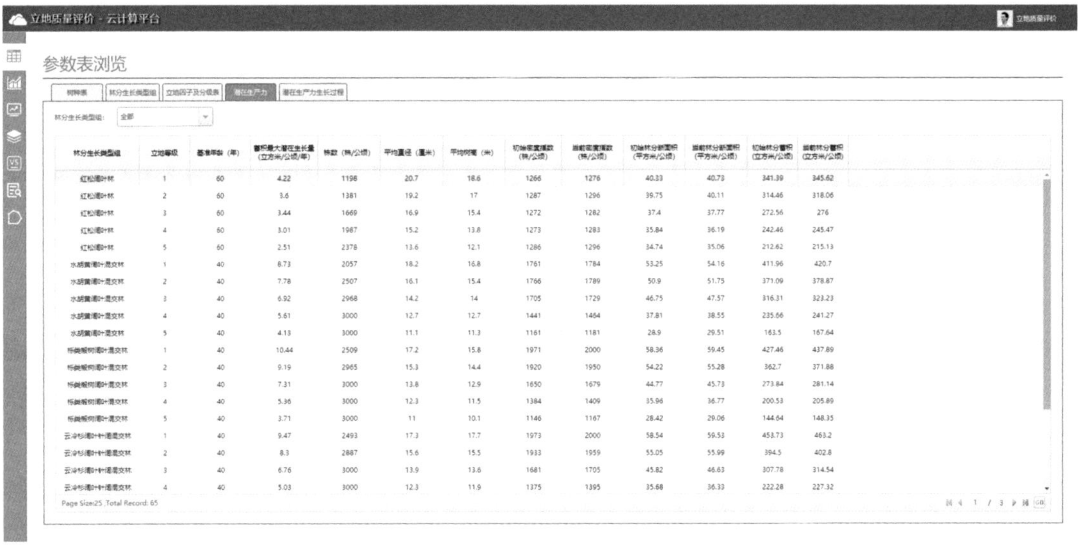

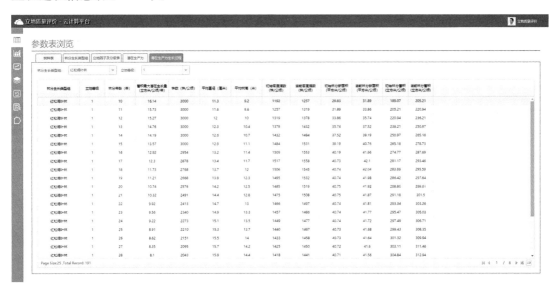

图 10-17　潜在生产力信息浏览界面

(5)潜在生产力生长过程信息浏览

潜在生产力生长过程信息显示某个林分生长类型组在某一类立地等级下的潜在生产力生长过程信息(图 10-18)。

林分生长类型组	立地等级	林分年龄（年）	蓄积最大潜在生长量(立方米/公顷/年)	株数（株/公顷）	平均直径（厘米）	平均树高（米）	初始密度指数(株/公顷)	当前密度指数(株/公顷)	初始林分断面积(平方米/公顷)	当前林分断面积(平方米/公顷)	初始林分蓄积(立方米/公顷)	当前林分蓄积(立方米/公顷)
红松阔叶林	1	10	16.14	3000	11.3	9.2	1192	1257	29.83	31.89	189.07	205.21
红松阔叶林	1	11	15.73	3000	11.6	9.6	1257	1319	31.89	33.86	205.21	220.94
红松阔叶林	1	12	15.27	3000	12	10	1319	1378	33.86	35.74	220.94	236.21
红松阔叶林	1	13	14.76	3000	12.3	10.4	1378	1432	35.74	37.52	236.21	250.97
红松阔叶林	1	14	14.19	3000	12.6	10.7	1432	1484	37.52	39.19	250.97	265.16
红松阔叶林	1	15	13.57	3000	12.9	11.1	1484	1531	39.19	40.76	265.16	278.73
红松阔叶林	1	16	12.92	2954	13.2	11.4	1509	1553	40.19	41.66	274.77	287.69
红松阔叶林	1	17	12.3	2878	13.4	11.7	1517	1558	40.73	42.1	281.17	293.46
红松阔叶林	1	18	11.73	2768	13.7	12	1506	1545	40.74	42.04	283.86	295.59
红松阔叶林	1	19	11.21	2668	13.9	12.3	1495	1532	40.74	41.98	286.42	297.64
红松阔叶林	1	20	10.74	2576	14.2	12.5	1485	1519	40.75	41.92	288.86	299.61
红松阔叶林	1	21	10.32	2491	14.4	12.8	1475	1508	40.75	41.87	291.18	301.5
红松阔叶林	1	22	9.92	2413	14.7	13	1466	1497	40.74	41.81	293.34	303.26
红松阔叶林	1	23	9.56	2340	14.9	13.3	1457	1486	40.74	41.77	295.47	305.03
红松阔叶林	1	24	9.22	2273	15.1	13.5	1449	1477	40.74	41.72	297.49	306.71
红松阔叶林	1	25	8.91	2210	15.3	13.7	1440	1467	40.73	41.68	299.43	308.35
红松阔叶林	1	26	8.62	2151	15.5	14	1433	1458	40.73	41.64	301.32	309.94
红松阔叶林	1	27	8.35	2095	15.7	14.2	1425	1450	40.72	41.6	303.11	311.46
红松阔叶林	1	28	8.1	2043	15.9	14.4	1418	1441	40.71	41.56	304.84	312.94

图 10-18　潜在生产力生长过程信息浏览界面

10.2.4.3 生长曲线

生长曲线模块展示不同林分生长类型组、不同立地等级下的树高、断面积、林分蓄积曲线模型的相关参数、模型公式及生长曲线。用户可以设置曲线的起始年和终止年重新计算曲线。

（1）树高生长曲线

树高生长曲线功能可根据选择的不同"林分生长类型组"，展示该林分生长类型组10个立地等级的树高生长曲线图（图10-19）。

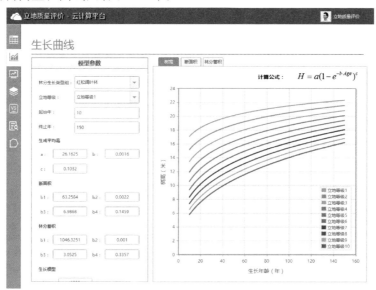

图 10-19 树高生长曲线展示图

（2）断面积生长曲线

断面积生长曲线展示某一林分生长类型组10个立地等级的断面积生长曲线图（图10-20）。

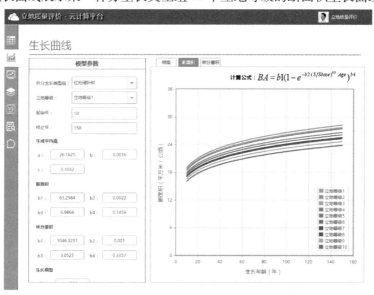

图 10-20 断面积生长曲线展示图

（3）林分蓄积生长曲线

林分蓄积生长曲线展示该林分生长类型组 10 个立地等级的林分蓄积生长曲线图（图 10-21）。

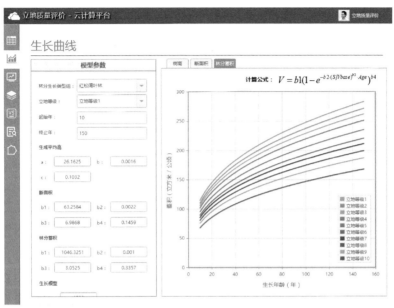

图 10-21　林分蓄积生长曲线展示图

10.2.4.4　树种适生条件查询

树种适生条件查询模块展示某一树种的适生条件以及树种适生条件图（图 10-22）。

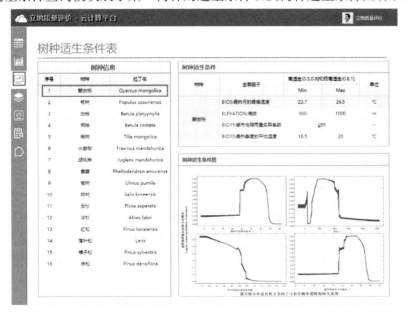

图 10-22　树种适生条件展示图

10.2.4.5 查询专题图因子

查询专题图因子模块可在地图模式下查询包括小班因子、环境因子、林分生长类型组分布适宜性、树种分布适宜性、林分生长类型组基准年龄生产潜力、现有林生产潜力、适地适树指数等级、林分生长类型组分布等信息(图10-23、图10-24)。

图10-23　查询专题图因子模块界面图

图10-24　专题图因子信息展示图

10.2.4.6 专题图对比

专题图对比分为"现有林对比"和"适地适树对比"两项。"现有林对比"是对二类小班

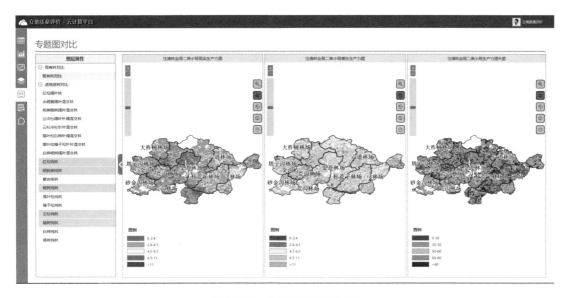

图 10-25　专题图对比界面图

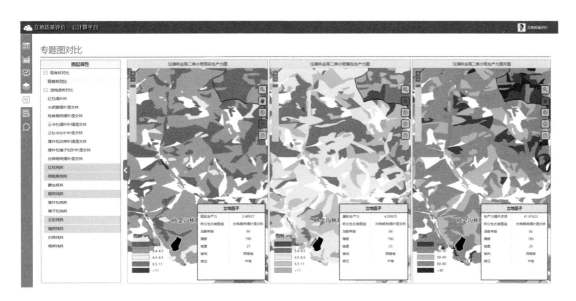

图 10-26　专题图对比属性值界面

的现实生产力、潜在生产力、生产力提升三类数据进行对比（图 10-25、图 10-26）。

"适地适树对比"对比某个林分生长类型组的适宜性等级分布、生产力等级分布、适地适树指数等级分布。

10.2.4.7　属性查询

属性查询模块可对各林分生长类型组的适宜性分布、生产潜力和适地适树指数进行任意查询显示。

可实现在地图上展示/隐藏选中的图例区域。右下角的饼状图用于统计展示各图例所占比例情况。同样的，用户可以使用相应的地图控件操作地图。

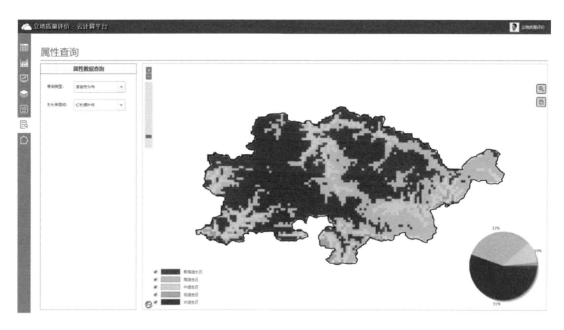

图 10-27　属性查询界面

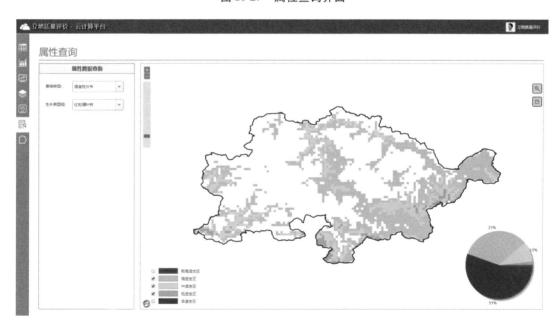

图 10-28　属性值所处位置查询展示图

10. 2. 4. 8　林相图管理

林相图管理模块主要用于展示和查询小班的地图和属性信息，可通过滚动鼠标滚轮，来切换地图显示的大小和等级。有三个层级地图，分别是林场图、林班图、小班图（优势树种）。

可通过"自定义条件组合查询"进行任意条件查询（图 10-29、图 10-30）。

图 10-29　林相图模块首界面展示图

图 10-30　自定义筛选条件查询图

参考文献

Aertsen W, Kint V, Van Orshoven J, et al. 2010. Comparison and ranking of different modelling techniques for prediction of site index in Mediterranean mountain forests. Ecological modelling, 221(8): 1119 – 1130.

Ahmadi K, Alavi S J, Kouchaksaraei M T. 2017. Constructing site quality curves and productivity assessment for uneven – aged and mixed stands of oriental beech (*Fagus oriental* Lipsky) in Hyrcanian forest, Iran. Forest Science and Technology, 13(1): 41 – 46.

Bailey R L, Clutter J L. 1974. Base – age invariant polymorphic site curves. Forest Science, 20(2): 155 – 159.

Ballesteros – Barrera C, Martínez – Meyer E, Gadsden H. 2007. Effects of land – cover transformation and climate change on the distribution of two microendemic lizards, genus uma, of northern Mexico. Journal of Herpetology, 41(4): 733 – 740.

Benito – GazÓn M, Ruiz – Benito P, Zavala MA . 2013. Interspecific differences in tree growth and mortality responses to environmental drivers determine potential species distributional limits in Iberian forests: including tree growth and mortality into species distribution. Glob Ecol Biogeogr, 22: 1141 – 1151.

Berrill J P, O' Hara K L. 2013. Estimating site productivity in irregular stand structures by indexing the basal area or volume increment of the dominant species. Canadian journal of forest research, 44(1): 92 – 100.

Bjelanovic I, Comeau P G, White B. 2018. High resolution site index prediction in boreal forests using topographic and wet areas mapping attributes. Forests, 9(3): 113.

Bontemps J D, Bouriaud O. 2014. Predictive approaches to forest site productivity: recent trends, challenges and future perspectives. Forestry, 87(1): 109 – 128.

Boos D D, Stefanski L A. Jackknife. 2013. Essential statistical inference. Springer New York, 385 – 411.

Bowling C, Zelazny V. 1992. Forest site classification in New Brunswick. The Forestry Chronicle, 68(1): 34 – 41.

Brandl S, Mette T, Falk W, Vallet P, Rötzer T, et al. 2018. Static site indices from different national forest inventories: harmonization and prediction from site conditions. Annals of Forest Science, 75(2): 56.

Bravo – Oviedo A, Gallardo – Andrés C, del Río M, Montero G. 2010. Regional changes of Pinus pinaster site index in Spain using a climate – based dominant height model. Canadian Journal of Forest Research. 40(10): 2036 – 204

Buda N J, Wang J R. 2006. Suitability of two methods of evaluating site quality for sugar maple in central Ontario. Forestry Chronicle, 82(5): 733 – 744.

Burkhart H E, Tomé M. 2012. Modeling forest trees and stands. Springer Science & Business Media.

Butler C J, Stanila B D, Iverson J B, et al. 2016. Projected changes in climatic suitability for *Kinosternon* turtles by 2050 and 2070. Ecology & Evolution, 6(21): 7690 – 7705.

Cabeza M, Araújo M B, Wilson R J, et al. 2004. Combining probabilities of occurrence with spatial reserve design. Journal of Applied Ecology, 41(2): 252 – 262.

Calama R, Barbeito I, Pardos M, et al. 2008. Adapting a model for even – aged *Pinus pinea* L. stands to complex multi – aged structures. Forest Ecology and Management, 256(6): 1390 – 1399.

Cao B, Bai C, Zhang L, et al. 2016. Modeling habitat distribution of cornus officinalis with maxent modeling and fuzzy logics in China. Journal of Plant Ecology, 9(6): 742 – 751.

Chen H Y, Krestov P V, Klinka K. 2002. Trembling aspen site index in relation to environmental measures of site quality at two spatial scales. Canadian Journal of Forest Research. 32: 112 – 119.

Cieszewski C J. 2001. Three methods of deriving advanced dynamic site equations demonstrated on inland Douglas – fir site curves. Canadian Journal of Forest Research, 31(1): 165 – 173.

Cieszewski C J, Bailey R L. 2000. Generalized algebraic difference approach: theory based derivation of dynamic site equations with polymorphism and variable asymptotes. Forest Science. 46(1): 116 – 126.

Cieszewski C J, Strub M. 2008. Generalized algebraic difference approach derivation of dynamic site equations with polymorphism and variable asymptotes from exponential and logarithmic functions. Forest Science. 54: 303 – 315.

Cieszewski C J, Zasada M, Strub M. 2004. Analysis of different base models and methods of site model derivation for Scots pine. Forest Science, 52(2): 187 – 197.

Cieszewski C J. 2002. Comparing fixed – and variable – base – age site equations having single versus multiple asymptotes. Forest Science, 48(1): 7 – 23.

Cieszewski C J. 2003. Developing a well – behaved dynamic site equation using a modified Hossfeld IV function Y 3 = (axm)/(c + x m − 1): a simplified mixed – model and Scant Subalpine fir data. Forest Science, 49(4): 539 – 554.

Corns I. 1992. Forest site classification in Alberta: Its evolution and present status. The Forestry Chronicle, 68: 85 – 93.

Dănescu A, Albrecht A T, Bauhus J, Kohnle U. 2017. Geocentric alternatives to site index for modeling tree increment in uneven – aged mixed stands. Forest ecology and management, 392: 1 – 12.

Diéguez – Aranda U, Burkhart H E, Amateis R L. 2006. Dynamic site model for loblolly pine (*Pinus taeda* L.) plantations in the United States. Forest Science, 52(3): 262 – 272.

Dolos K, Bauer A, Albrecht S. 2015. Site suitability for tree species: Is there a positive relation between a tree species' occurrence and its growth? European Journal of Forest Research, 134(4): 609 – 621.

Dong L, Zhang L, Li F. 2015. A three – step proportional weighting system of nonlinear biomass equations. Forest science, 61(1): 35 – 45.

Economou A. 1990. Growth intercept as an indicator of site quality for planted and natural stands of *Pinus nigra* var. *pallasiana* in Greece. Forest Ecology and Management, 32(2 – 4): 103 – 115.

Elith J, Graham C H, Anderson R P, et al. 2006. Novel methods improve prediction of species distributions from occurrence data. Ecography, 29(2): 129 – 151.

Elith J, Phillips S J, HastieT, et al. 2011. A statistical explanation of maxent for ecologists. Diversity and Distributions, 17(1): 43 – 57.

Ercanli I, Gunlu A, Altun L, Zeki Baskent E. 2008. Relationship between site index of oriental spruce [*Picea orientalis* (L.) Link] and ecologicalvariables in Maçka, Turkey. Scandinavian journal of forest research, 23(4): 319 – 329.

Falk W, Hempelmann N. 2013. Species favourability shift in Europe due to climate change: a case study for*Fagus sylvatica* L. and *Picea abies* (L.) Karst. based on an ensemble of climate models. Journal of Climatology, 2013 (6): 18.

Falk W, Mellert K H. 2011. Species distribution models as a tool for forest management planning under climate change: risk evaluation of *Abies alba* in Bavaria. Journal of Vegetation Science, 22(4): 621 – 634.

Fehrmann L, Lehtonen A, Kleinn C, Tomppo R. 2008. Comparison of linear and mixed – effect regression models and a k – nearest neighbor approach for estimation of single – tree biomass. Canadian Journal of Forest Research, 38: 1 – 9.

Feldpausch T R, Banin L, Phillips O L, et al. 2011. Height – diameter allometry of tropical forest trees. Biogeosciences, 8(5): 7727 – 7793.

Fourcade Y, Engler J O, Rödder D, et al. 2014. Mapping species distributions with MAXENT using a geographically biased sample of presence data: a performance assessment of methods for correcting sampling bias. PloS one, 9(5): e97122.

Fu L Y, Lei X D, Sharma R P, et al. 2018. Comparing height – age and height – diameter modelling approaches for estimating site productivity of natural uneven – aged forests. Forestry: An International Journal of Forest Research, 91(4): 419 – 433.

Fu L, Sharma R P, Zhu G, et al. 2017. A basal area increment – based approach of site productivity evaluation for multi – aged and mixed forests. Forests, 8(4): 119.

Fu L, Sun L, Han H, et al. 2017. How trees allocate carbon for optimal growth: insight from a game – theoretic model. Briefings in Bioinformatics: 1 – 10.

Fu L, Ram P S, Zhu G, et al. 2017. A basal area increment – based approach of site productivity evaluation for multi – aged and mixed forests. Forests, 8, 119.

Fu L, Zhang H, Lu J, et al. 2015. Multilevel nonlinear mixed – effect crown ratio models for individual trees of mongolian oak (*Quercus mongolica*) in northeast China. PLoS ONE, 10(8): e0133294.

Fu L, Zeng W, Zhang H, et al. 2014. Generic linear mixed – effects individual – tree biomass models for *Pinus massoniana* Lamb. in Southern China. Southern Forests, 76(1): 47 – 56.

García O, Batho A. 2005. Top height estimation in lodgepole pine sample plots. Western Journal of Applied Forestry, 20(1): 64 – 68.

Godown M E, Peterson A T. 2000. Preliminary distributional analysis of US endangered bird species. Biodiversity & Conservation, 9(9), 1313 – 1322.

Goelz J C G, Burk T E. 1992. Development of a well – behaved site index equation: jack pine in north central Ontario. Canadian Journal of Forest Research, 22(6): 776 – 784.

González – García M, Hevia A, Majada J, et al. 2015. Dynamic growth and yield model including environmental factors for *Eucalyptus nitens* (Deane & Maiden) Maiden short rotation woody crops in Northwest Spain. New Forests, 46(3): 387 – 407.

Guisan A, Edwards T C, Hastie T. 2002. Generalized linear and generalized additive models in studies of species distributions: setting the scene. Ecol Model, 157: 89 – 100

Hanson E L, Azuma D L, Hiserote B A. 2002. Site index equations and mean annual increment equations for Pacific northwest research station forest inventory and analysis inventories, 1985 – 2001. USDA Forest Service Research Note PNW – RN – 533.

Helms J A. 1998. The Dictionary of Forestry. Society of American Foresters.

Hennigar C, Weiskittel A, Allen H L, MacLean D A. 2016. Development and evaluation of a biomass increment based index for site productivity. Canadian Journal of Forest Research, 47(3): 400 – 410.

Herrera – Fernández B, Campos J J, Kleinn C. 2004. Site productivity estimation using height – diameter relationships in Costa Rican secondary forests. Forest Systems, 13 (2): 295 – 303.

Hijmans R J, Cameron S E, et al. 2005. Very high resolution interpolated climate surfaces for global land areas. International Journal of Climatology: A Journal of the Royal Meteorological Society, 25(15): 1965 – 1978.

Hill M O. 1979. TWINSPAN – a FORTRAN program for arranging multivariate data in an ordered two – way table by classification of the individuals and attributes. Ecology & Systematics, 90.

Huang S, Titus S J. 1993. An index of site productivity for uneven – aged or mixed – species stands. Canadian Journal of Forest Research, 23(3): 558 – 562.

Ilomäki S, Nikinmaa E, Mäkelä A. 2003. Crown rise due to competition drives biomass allocationin Silver birch. Canadian Journal of Forest Research, 33(12): 2395 – 2404.

Iverson L R, Schwartz M W, Prasad A M. 2004. Potential colonization of newly available tree – species habitat under climate change: an analysis for five eastern US species. Landscape Ecology, 19(7): 787 – 799.

Jarvis A, guarino L, Williams D, et al. 2002. Spatial analysis of wild peanut distributions and the implications for plant genetic resources conservation. Plant Genetic Resources Newsletter, 131: 28 – 34.

Jiang H, Radtke P J, Weiskittel A R, et al. 2014. Climate-and soil-based models of site productivity in eastern US tree species. Canadian Journal of Forest Research, 45(3): 325 – 342.

Johansson T. 2006. Site index conversion equations for *Picea abies* and five broadleaved species in Sweden: *Alnus glutinosa*, *Alnus incana*, *Betula pendula*, *Betula pubescens* and *Populus tremula*. Scandinavian Journal of Forest Research, 21(1): 14 – 19.

Kahriman A, Sönmez T, Gadow K V. 2018. Site index models for Calabrian pine in the central Mediterranean region of Turkey. Journal of Sustainable Forestry, 37(5): 459 – 474.

Kimberley M, West G, Dean M, et al. 2005. The 300 Index – a volume productivity index for radiata pine. New Zealand Journal of Forestry, 50(2): 13 – 18.

Kweon D, Comeau P G. 2019. Factors influencing overyielding in young boreal mixedwood stands in western Canada. Forest Ecology and Management, 432: 546 – 557.

Latta G, Temesgen H, Barrett T M. 2009. Mapping and imputing potential productivity of Pacific Northwest forests using climate variables. Canadian Journal of Forest Research, 39(6): 1197 – 1207.

Li H K, Zhao P X. 2013. Improving the accuracy of tree – level aboveground biomass equations with height classification at a large regional scale. Forest Ecology and Management, 289: 153 – 163.

Mailly D, Gaudreault M. 2005. Growth intercept models for black spruce, jack pine and balsam fir in Quebec. The Forestry Chronicle, 81(1): 104 – 113.

Märkel U, Dolos K. 2017. Tree species site suitability as a combination of occurrence probability and growth and derivation of priority regions for climate change adaptation. Forests, 8(6): 181.

Mason E G, Holmström E, Nilsson U. 2018. Using hybrid physiological/mensurational modelling to predict site index of *Pinus sylvestris* L. in Sweden: a pilot study. Scandinavian Journal of Forest Research, 33(2): 147 – 154.

McDill M E, Amateis R L. 1992. Measuring forest site quality using the parameters of a dimensionally compatible height growth function. Forest Science, 38(2): 409 – 429.

McKenney D W, Pedlar J H. 2003. Spatial models of site index based on climate and soil properties for two boreal tree species in Ontario, Canada. Forest Ecology and Management, 175: 497 – 507.

Merow C, Smith M J, Silander J A. 2013. A practical guide to maxent for modeling species' distributions: what it does, and why inputs and settings matter. Ecography, 36(10): 1058 – 1069.

Milner K S, Running S W, Coble D W. 1996. A biophysical soil – site model for estimating potential productivity of forested landscapes. Canadian Journal of Forest Research, 26(7): 1174 – 1186.

Monserud R A, Huang S, Yang Y. 2006. Predicting lodgepole pine site index from climatic parameters in Alberta. The Forestry Chronicle, 82: 562 – 571.

Monserud R A, Rehfeldt G E. 1990. Genetic and environmental components of variation of site index in inland Douglas – fir. Forest Science, 36(1): 1 – 9.

Newton P F. 1992. Base – age invariant polymorphic site index curves for black spruce and balsam fir within central Newfoundland. Northern Journal of Applied Forestry, 9(1): 18 – 22.

Nigh G D, Martin P J. 2001. A method to assess the performance of growth intercept models in British Columbia. The Forestry Chronicle, 77: 491 – 499.

Nigh G D. 1995a. The geometric mean regression line: a method for developing site index conversion equations for species in mixed stands. Forest Science. 41: 84 – 98.

Nigh G D. 1995b. Site index conversion equations for mixed Sitka spruce/western hemlock stands. B. C. Ministry of Forests, Research Branch, Victoria, B. C. , Extension Note 02.

Nigh G D. 1996. Growth intercept models for species without distinct annual branch whorls: western hemlock. Canadian Journal of Forest Research, 26(8): 1407 – 1415.

Nigh G. 2002. Site index conversion equations for mixed trembling aspen and white spruce stands in northern British Columbia. Silva Fennica, 36(4): 789 – 797.

Nigh G. 2015. Engelmann spruce site index models: A comparison of model functions and parameterizations. PloS one, 10(4): e0124079.

Niklas K J, Marler T E. 2007. *Carica papaya* (Caricaceae): a case study into the effects of domestication on plant vegetative growth and reproduction. American Journal of Botany, 94(6): 999 – 1002.

Niklas K J. 1995. Size – dependent allometry of tree height, Diameter and trunk – taper. Annals of Botany, 75(3): 217 – 227.

Nix H, McMahon J, Mackenzie D. 1977. Potential areas of production and the future of pigeon pea and other grain legumes in Australia. The potential for pigeon pea in Australia. Proceedings of Pigeon Pea (*Cajanus cajan* (L.) Millsp.) Field Day.

Noordermeer L, Bollandsås O M, Gobakken T, et al. 2018. Direct and indirect site index determination for Norway spruce and Scots pine using bitemporal airborne laser scanner data. Forest ecology and management, 428: 104 – 114.

Nord – Larsen T. 2006. Developing dynamic site index curves for European beech (*Fagus sylvatica* L.) in Denmark. Forest Science, 52(2): 173 – 181.

Nothdurft A, Wolf T, Ringeler A, et al. 2012. Spatio – temporal prediction of site index based on forest inventories and climate change scenarios. Forest Ecology and Management, 279: 97 – 111.

Nunes L, Patrício M, Tomé J, Tomé M. 2011. Modeling dominant height growth of maritime pine in Portugal using GADA methodology with parameters depending on soil and climate variables. Annals of Forest Science, 68(2): 311 – 323.

Nyland R D. 2002. Silviculture, 2nd edn. McCraw Hill, Boston.

Ochal W, Socha J, Pierzchalski M. 2017. The effect of the calculation method, plot size, and stand density on the accuracy of top height estimation in Norway spruce stands. Forest – Biogeosciences and Forestry, 10(2): 498.

Paterson S S. 1956. The forest area of the world and its potential productivity. Royal University of Göteborg, Göteborg.

Phillips S J, Anderson R P, Dudík M, et al. 2017. Opening the black box: an open-source release of Maxent. Ecography, 40(7): 887 – 893.

Phillips S J, Anderson R P, Schapire R E. 2006. Maximum entropy modeling of species geographic distributions. Ecological Modelling, 190: 231 – 259.

Phillips S J, Dudík, Robert M, et al. 2004. A maximum entropy approach to species distribution modeling. Proceedings of the 21 International Conference on Machine Learning. Banff, Canada: 89 – 90.

Pretzsch H, Forrester D I, Bauhus J. 2017. Mixed – species forests. Springer – Verlag Berlin.

Quichimbo P, Jiménez L, Veintimilla D, et al. 2017. Forest site classification in the Southern Andean region of Ecuador: A case study of pine plantations to collect a base of soil attributes. Forests, 8(12): 473.

Raxworthy C J, Martinezmeyer E, Horning N, et al. 2003. Predicting distributions of known and unknown reptile species in Madagascar. Nature, 426(6968): 837.

Ray D. 2001. Ecological site classification. A PC – based decision system for British forests. Edinburgh: Forestry Commission.

Ritchie M, Zhang J, Hamilton T. 2012. Effects of stand density on top height estimation for ponderosa pine. Western Journal of Applied Forestry, 27(1): 18 – 24.

Sabatia C O, Burkhart H E. 2014. Predicting site index of plantation loblolly pine from biophysical variables. Forest Ecology and Management, 326: 142 – 156.

Schmoldt D L, Martin G L, Bockheim J G. 1985. Yield – based measures ofnorthern hardwood site quality and their correlation with soil – site factors. Forest Science. 31: 209 – 219.

Schreuder H T, Wood G B, Gregoire T G. 1993. Sampling Methods for Multiresource Forest Inventory. Wiley Interscience. 446p.

Scolforo H F, de Castro Neto F, Scolforo J R S, et al. 2016. Modeling dominant height growth of eucalyptus plantations with parameters conditioned to climatic variations. Forest Ecology and Management, 380: 182 – 195.

Seki M, Sakici O E. 2017. Dominant height growth and dynamic site index models for Crimean pine in the Kastamonu – Taşköprü region of Turkey. Canadian Journal of Forest Research, 47(11): 1441 – 1449.

Senespleda E L, Oviedo J A B, Ponce R A, et al. 2014. Modeling dominant height growth including site attributes in the GADA approach for *Quercus faginea* Lam. in Spain. Forest systems, 23(3): 494 – 499.

Sharma M, Amateis R L, Burkhart H E. 2002. Top height definition and its effect on site index determination in thinned and unthinned loblolly pine plantations. Forest Ecology and Management, 168: 163 – 175.

Sharma M, Subedi N, Ter – Mikaelian M, Parton J. 2014. Modeling climatic effects on stand height/site index of plantation – grown jack pine and black spruce trees. Forest Science, 61(1): 25 – 34.

Sharma R P, Brunner A, Eid T. 2012. Site index prediction from site and climate variables for Norway spruce and Scots pine in Norway. Scandinavian Journal of Forest Research, 27(7): 619 – 636.

Sharma, M, Parton J. 2018. Climatic effects on site productivity of red pine plantations. Forest Science, 64(5): 544 – 554.

Shen C, Lei X, Liu H, et al. 2015. Potential impacts of regional climate change on site productivity of *Larix olgensis* plantations in northeast China. Forest – Biogeosciences and Forestry, 8(5): 642.

Skovsgaard J P, Vanclay J K. 2008. Forest site productivity: a review of the evolution of dendrometric concepts for even – aged stands. Forestry: An International Journal of Forest Research, 81(1): 13 – 31.

Socha J, Pierzchalski M, Bałazy R, Ciesielski M. 2017. Modelling top height growth and site index using repeated laser scanning data. Forest Ecology and Management, 406: 307 – 317.

Stockwell D, Peters D. 1999. The GARP modelling system: problems and solutions to autom ated. International Journal of Geographical Information Science, 13(2): 143 – 158.

Tang S, Meng C H, Meng, F R, et al. 1994. A growth and self – thinning model for pureeven – age stands: theory and applications. Forest Ecology and Management, 70: 67 – 73.

Toïgo M, Vallet P, Perot T, et al. 2015. Overyielding in mixed forests decreases with site productivity. Journal of Ecology, 103(2): 502 – 512.

Vanclay J K, Henry N B. 1988. Assessing site productivity of indigenous cypress pine forest in southern Queensland. Commonwealth Forestry Review, 67(1): 53 – 64.

Vanclay J K. 1983. Techniques for modelling timber yield from indigenous forests with special referece to Queensland. MSc. Thesis University of Oxford. 194 pp.

Vanclay J K. 1989. Site productivity assessment in rainforests: an objective approach using indicator species. seminar on growth and yield in tropical mixed/moist forests. 225 – 241.

Vanclay J K. 1992. Assessing site productivity in tropical moist forests: a review. Forest Ecology & Management, 54: 257 – 287.

Walentowski H, Falk W, Mette T, et al. 2017. Assessing future suitability of tree species under climate change by multiple methods: a case study in southern Germany. Annals of Forest Research, 60(1): 101 – 126.

Wang G G. 1998a. An ecologically based model for site index conversion among species. Canadian Journal of Forest Research, 28(2): 234 – 238.

Wang G G. 1998b. Is height of dominant trees at a reference diameter an adequate measure of site quality? . Forest Ecology and Management, 112, 49 – 54.

Wang M, Borders BE, Zhao D. 2008a. An empirical comparison of two subject – specific approached to dominant height modeling: the dummy variable method and the mixed model method. Forest Ecology and Management, 255: 2659 – 2669.

Wang M, Rennolls K, Borders B E. 2008b. Base – age invariant site index models form a generalized algebraic parameter prediction approach. Forest Science, 54: 625 – 632.

Wang S G, Dai Y, Liu B, et al. 2013. A China data set of soil properties for land surface modeling. Journal of Advances in Modeling Earth Systems, 5(2): 212 – 224.

Wang Y, Raulier F, Ung C H. 2005. Evaluation of spatial predictions of site index obtained by parametric andnonparametric methods – a case study of lodgepole pine productivity. Forest Ecology and Management, 214(1 – 3): 201 – 211.

Watt M S, Dash J P, Bhandari S, Watt P. 2015. Comparing parametric and non – parametric methods of predicting site index for radiata pine using combinations of data derived from environmental surfaces, satellite imagery and airborne laser scanning. Forest Ecology and Management, 357: 1 – 9.

Weiskittel A R, Crookston N L, Radtke P J. 2011b. Linking climate, gross primary productivity, and site index across forests of the western United States. Canadian Journal of Forest Research, 41(8): 1710 – 1721.

Weiskittel A R, Hann D W, Kershaw J A J, et al. 2011a. Forest growth and yield modeling. Forest Growth and Yield Modeling, 2011.

Westfall J A, Hatfield M A, Sowers P A, OʹConnell B M. 2017. Site index models for tree species in the northeastern United States. Forest Science, 63(3): 283 – 290.

Willard H, Carmean. 1975. Forest site quality evaluation in the U. S. advance in agronomy. Academic Press N. Y, 27: 209 – 256

Xu M, Jiang L, Zhu S, et al. 2016. A computational framework for mapping the timing of vegetative phase change. New Phytologist, 211(2): 750 – 760.

Yue C, Kahle H P, von Wilpert K, Kohnle U. 2016. A dynamic environment – sensitive site index Model for the prediction of site productivity potential under climate change. Ecological Modelling, 337: 48 – 62.

Zang H, Lei X, Ma W, Zeng W. 2016. Spatial heterogeneity of climate change effects on dominant height of larch plantations in northern and northeastern China. Forests, 7(7): 151.

Zas R, Alonso M. 2002. Understory vegetation as indicators of soil characteristics innorthwest Spain. Forest Ecology and Management, 171: 101 – 111.

Zeng W. 2015. Using nonlinear mixed model and dummy variable model approaches to develop origin-based individual tree biomass equations. Trees, 29(1): 275 – 283.

Zhang M G, Slik J W F, Ma K P. 2016. Using species distribution modeling to delineate the botanical richness patterns and phytogeographical regions of China. Scientific Reports, 6: 22400.

Zhang Y J, Borders B E. 2004. Using a system mixed – effects modeling method to estimate tree compartment biomass for intensively managed loblolly pines – an allometric approach. Forest Ecology and Management, 194: 145 – 157.

曹铭昌, 周广胜, 翁恩生. 2005. 广义模型及分类回归树在物种分布模拟中的应用与比较. 生态学报, 25(8): 2031 – 2040.

曹元帅, 孙玉军. 2017. 基于广义代数差分法的杉木人工林地位指数模型. 南京林业大学学报: 自然科学版, 41(5): 79 – 84.

陈昌雄, 曹祖宁, 魏铖敢, 李锦烨, 谢艺海. 2009. 天然常绿阔叶林数量化地位指数表的编制. 林业勘察设计, (2): 1 – 4.

陈永富, 杨彦臣, 张怀清, 等. 2000. 海南岛热带天然山地雨林立地质量评价研究. 林业科学研究, 13(2): 134.

成子纯, 陈礼, 王广兴, 等. 1991. 马尾松经营体系模拟系统. 北京: 中国林业出版社.

段光爽. 2018. 基于生长过程的吉林省林分类型分类与潜在生产力预估. 北京: 中国林业科学研究院博士学位论文.

范金顺, 高兆蔚, 蔡元晃, 等. 2012. 福建省森林立地分类与质量评价. 林业勘察设计, (1): 1 – 5.

符利勇, 雷渊才, 曾伟生. 2014. 几种相容性生物量模型及估计方法的比较. 林业科学, 50(6): 42 – 54.

符利勇, 孙华, 张会儒, 雷相东, 雷渊才, 唐守正. 2013. 不同郁闭度下胸高直径对杉木冠幅特征因子的影响. 生态学报, 33(8): 2434 – 2443.

符利勇, 张会儒, 唐守正. 2012. 基于非线性混合模型的杉木林优势木平均高. 林业科学, 48(7): 66 – 71.

符利勇, 唐守正, 张会儒, 张则路, 曾伟生. 2015. 东北地区两个主要树种地上生物量通用方程构建. 生态学报, 35(1): 150 – 157.

郭晋平, 张浩宇, 张芸香. 2007. 森林立地质量评价的可变生长截距模型与应用. 林业科学, 43(10): 8 – 13.

郭如意, 韦新良, 刘姗姗. 2016. 天目山区针阔混交林立地质量评价研究. 西北林学院学报, 31(4): 233 – 240.

国家林业局, 2014. 国家森林资源连续清查技术规定. 国家林业局森林资源管理司.

郝文康, 郎奎键, 励龙昌, 等. 1991. 兴安落叶松立地质量评价的研究. 东北林业大学学报, (6): 33 – 43.

郝文康, 翁国庆, 黄明全. 1987. 大兴安岭兴安落叶松森林立地质量评价的研究. 东北林业大学学报,

（4）：37 – 47.

黄从德，胡庭兴，赖家明．2002. 四川巨桉人工林地位级表的编制．四川林勘设计，(4)：47 – 50.

黄国胜，马炜，王雪军，等．2014. 基于一类清查数据的福建省立地质量评价技术．北京林业大学学报，36(3)：1 – 8.

季碧勇．2014. 基于森林资源连续清查体系的浙江省立地分类与质量评价．浙江大学硕士论文．

金佳鑫，江洪，彭威，等．2013. 基于物种分布模型评价土壤因子对我国毛竹潜在分布的影响．植物生态学报，37(7)：631 – 640.

雷相东，李希菲．2003. 混交林生长模型研究进展．北京林业大学学报，25(3)：105 – 110.

雷相东，朱光玉，卢军．2018. 云冷杉阔叶混交过伐林林分优势高估计方法的研究．林业科学研究，31(1)：36 – 41.

雷相东，符利勇，李海奎，等．2018. 基于林分潜在生长量的立地质量评价方法与应用．林业科学，54(12)：116 – 126.

李国庆，刘长成，刘玉国，等．2013. 物种分布模型理论研究进展．生态学报，33(16)：4827 – 4835.

李海奎，法蕾．2011. 基于分级的全国主要树种树高 – 胸径曲线模型．林业科学，47 (10)：83 – 90.

李培琳，韦新良，汤孟平．2018. 基于 NFI 和 DEM 数据的浙江森林立地分类研究．西南林业大学学报(自然科学)，38(3)：137 – 144.

李文华．2011. 东北天然林研究．北京：气象出版社．

李欣海．2013. 随机森林模型在分类与回归分析中的应用．应用昆虫学报，50(4)：1190 – 1197.

林昌庚，周春国，林俊钦，等．1997. 关于地位级表．林业资源管理，5：30 – 33.

林业部造林设计局．1958. 编制立地条件类型表和设计造林类型．北京：中国林业出版社．

刘丹，李玉堂，洪玲霞，等．2018a. 基于最大熵模型的吉林省主要天然林潜在分布适宜性．林业科学，54(7)：1 – 15.

刘丹．2018b. 基于分布适宜性和潜在生产力的综合定量适地适树研究．北京：中国林业科学研究院博士学位论文．

娄明华．2016. 吉林天然栎类阔叶混交林的立地生产力基础模型研究．北京：中国林业科学研究院博士学位论文．

骆期邦．1990. 南岭山地森林立地分类评价研究．长沙：林业部中南林业调查规划设计院，197 – 198.

马建路，宣立峰，刘德君．1995. 用优势树全高和胸径的关系评价红松林的立地质量．东北林业大学学报，23(2)：20 – 27.

马有标，李杰，等．2010. 内蒙古大兴安岭林区地位级指数表的编制．内蒙古林业调查设计，(3)：30 – 37.

孟宪宇，葛宏立．1995. 云杉异龄林立地质量评价的数量指标探讨．北京林业大学学报，17(1)：1 – 9.

孟宪宇．2013. 测树学．北京：中国林业出版社．

南方十四省杉木栽培科研协作组．1983. 杉木立地条件的系统研究及应用．林业科学，19(3)：246 – 253.

倪成才，于福平，张玉学，魏世勋．2010. 差分生长模型的应用分析与研究进展．北京林业大学学报，32(4)：284 – 292.

倪瑞强．2014. 长白山典型针阔混交林群落结构与动态研究．北京林业大学博士学位论文，19 – 25.

潘国兴，张忠远．1991. 安徽亳县泡桐立地质量评定．林业科学，27(2)：102 – 110.

浦瑞良，曾小明，王晓辉，等．1990. 沿海防护林地区立地分类与评价的遥感方法研究．南京林业大学学报，14(2)：7 – 14．.

邵慧，田佳倩，郭柯，等．2009. 样本容量和物种特征对 BIOCLIM 模型模拟物种分布准确度的影响——以12 个中国特有落叶栎树种为例．植物生态学报，33(5)：870 – 877.

沈国舫，翟明普. 2015. 森林培育学. 北京：中国林业出版社.

沈国舫. 1980. 北京市西山地区适地适树的研究. 北京林学院学报，12(1)：32 – 45.

沈剑波，雷相东，雷渊才，李玉堂. 2018. 长白落叶松人工林地位指数及立地形的比较研究. 北京林业大学学报，40(6)：1 – 8.

宋毅飞，周剑秋. 2017. KNN 算法与其改进算法的性能比较. 机电产品开发与创新，30(2)：60 – 63.

唐守正，李勇，符利勇. 2015. 生物数学模型的统计学基础(第二版). 北京：高等教育出版社.

唐守正，郎奎健，李海奎. 2009. 统计和生物数学模型计算(ForStat 教程). 北京：科学出版社.

唐守正. 1991a. 广西大青山马尾松全林整体生长模型及其应用. 林业科学研究，4(增)：8 – 13.

唐守正. 1991b. 利用对偶回归和结构关系建立林分优势高和平均高模型. 林业科学研究，4(增)：57 – 62.

田国启，邝立刚，朱世忠. 2010. 山西森林立地分类与造林模式. 北京：中国林业出版社.

王斌瑞，高志义，刘荩忱，王彦辉. 1982. 山西吉县黄土残塬沟壑区刺槐数量化立地指数表的编制及其在造林立地条件类型划分中的应用. 北京林学院学报，14(3)：116 – 128.

王冬至，张冬燕，蒋凤玲，等. 2015. 塞罕坝华北落叶松人工林地位指数模型. 应用生态学报，26(11)：3413 – 3420.

王栋，朱元甡. 2001. 信息熵在水系统中的应用研究综述. 水文，21(2)：9 – 14.

王磊，王登元，等. 2013. 基于 GARP 的枣大球蚧在新疆的适生区分析初探. 新疆农业科学，50(12).

王运生，谢丙炎，万方浩，等. 2007. ROC 曲线分析在评价入侵物种分布模型中的应用. 生物多样性，15(4)：365 – 372.

王忠诚，朱光玉，文仕知，何功秀，张江，孙华. 2011. 利用哑变量研究湘西栲木林分优势平均高与平均高的相关关系. 中国农学通报，27(25)：37 – 44.

吴恒，党坤良，等. 2015. 秦岭林区天然次生林与人工林立地质量评价. 林业科学，51(4)：78 – 88.

吴正方，靳英华，等. 2003. 东北地区植被分布全球气候变化区域响应. 地理科学，23(5)：564 – 570.

许银石，崔成万. 1983. 延边地区萌生柞木林地位级表编制与生长规律的探讨. 吉林林业科技，5：4.

许仲林，彭焕华，彭守璋. 2015. 物种分布模型的发展及评价方法. 生态学报，35(2)：557 – 567.

叶要妹，凌远云，庄尔奇. 1996. 湖北省马尾松人工林数量化地位指数表的编制. 华中农业大学学报，15(2)：186 – 189.

袁亚湘. 1997. 最优化理论与方法. 北京：科学出版社.

云南省林业厅，1990. 云南森林立地分类及其应用.

詹昭宁，关允瑜译. 1986. 森林收获量预报——英国人工林经营技术体系. 北京：中国林业出版社

詹昭宁，周政贤，王国祥. 1989. 中国森林立地分类. 北京：中国林业出版社.

詹昭宁. 1986. 建立我国立地分类和评价系统的几个问题. 中南林业调查规划，(1)：12 – 16.

张超，彭道黎，黄国胜，等. 2015. 基于森林清查数据的三峡库区林地立地质量评价. 东北林业大学学报，43(11)：56 – 61.

张会儒，汤孟平，舒清态. 2006. 森林生态采伐的理论与实践. 北京：中国林业出版社.

张金屯. 1995. 植被数量生态学方法. 北京：中国科学技术出版社.

张万儒. 1997. 中国森林立地. 北京：科学出版社.

张万儒. 1991. 用材林基地立地分类、评价及适地适树研究专辑. 林业科学研究，4：1 – 218.

张颖. 2011. 基于 GIS 的生态位模型预测源自北美的菊科入侵物种的潜在适生区. 南京农业大学硕士学位论文.

张志云，蔡学林，杜天真，欧阳勋志. 1997. 江西森林立地分类、评价及适地适树研究（总报告）. 江西农业大学学报，19(6)：1 – 30.

赵磊, 倪成才. 2012. 加拿大哥伦比亚省美国黄松广义代数差分型地位指数模型. 林业科学, 48(3): 74-81.

赵棨. 1958. 对编制地位级表及其方法的探讨. 林业科学, 4(2): 189-195.

中华人民共和国林业部. 1987. 河南省立地分类与造林典型设计. 郑州: 河南科学技术出版社.

朱光玉, 吕勇, 易煊, 周根苗. 2005. 雪峰山杉木、马尾松地位指数互导模型的研究. 湖南林业科技, 32(6): 39-41.